农村水电站
安全生产监督检查要点释义

温州市水利水电处　浙江水利水电学院　编著

·北京·

内 容 提 要

本书以温州市农村水电站安全生产标准化建设和温州市农村水电"三色"管理做法为蓝本,以《企业安全生产标准化基本规范》(GB/T 33000—2016)为指导,系统介绍了农村水电站安全生产管理的主要内容及要求,以及农村水电站安全生产督查要点等。

全书既突出督查要求,更有详细的管理要点及范本示例、图表展示等,全书深入浅出,通俗易懂,可作为农村水电站安全生产管理以及标准化达标创建的指导教材,也可供农村水电站相关管理人员参考,或作为农村水电行业员工培训教材。

图书在版编目（CIP）数据

农村水电站安全生产监督检查要点释义 / 温州市水利水电处, 浙江水利水电学院编著. -- 北京 : 中国水利水电出版社, 2017.12（2020.3重印）
ISBN 978-7-5170-6144-1

Ⅰ. ①农… Ⅱ. ①温… ②浙… Ⅲ. ①农村—水力发电站—安全生产—安全管理—中国 Ⅳ. ①TV737

中国版本图书馆CIP数据核字(2017)第319400号

书　　名	**农村水电站安全生产监督检查要点释义** NONGCUN SHUIDIANZHAN ANQUAN SHENGCHAN JIANDU JIANCHA YAODIAN SHIYI
作　　者	温州市水利水电处　　浙江水利水电学院　编著
出版发行	中国水利水电出版社 （北京市海淀区玉渊潭南路1号D座　100038） 网址：www.waterpub.com.cn E-mail：sales@waterpub.com.cn 电话：(010) 68367658（营销中心）
经　　售	北京科水图书销售中心（零售） 电话：(010) 88383994、63202643、68545874 全国各地新华书店和相关出版物销售网点
排　　版	中国水利水电出版社微机排版中心
印　　刷	北京博图彩色印刷有限公司
规　　格	170mm×240mm　16开本　10.25印张　190千字
版　　次	2017年12月第1版　2020年3月第2次印刷
印　　数	3501—4500册
定　　价	88.00元

凡购买我社图书，如有缺页、倒页、脱页的，本社营销中心负责调换
版权所有·侵权必究

编委会

主　编：陈启军

副主编：郑晓庆　罗云霞

参　编：叶文力　周慧芬　吴传清　刘　婵

　　　　周忠育　金建宙　庄一成　朱丽洁

序

PREFACE

党中央、国务院历来高度重视安全生产工作,习近平总书记在十九大报告中提出:"树立安全发展理念,弘扬生命至上、安全第一的思想,健全公共安全体系,完善安全生产责任制,坚决遏制重特大安全事故,提升防灾减灾救灾能力。"这是新时代打造共建共治共享的社会治理格局的安全发展观。作为国民经济基础的水利行业,安全生产不但事关广大人民群众的切身利益,事关经济社会稳定和发展的大局,同时也事关水利事业自身的健康持续发展。

温州市具有丰富的水能资源,截至2016年年底,已建成水电站550座,总装机容量92.06万kW,为节能减排、防洪减灾、改善农村基础设施等发挥了显著成效。2012年以来,温州市在全国率先开展农村水电站安全生产标准化管理的探索和试点,总结出一套可以复制推广的安全生产标准化创建经验。2015年,水利部在温州市召开全国农村水电站安全生产标准化现场会,全面推广温州市打造安全、高效、创新、和谐、秀美的标准化电站创建做法和理念。2016年,温州市针对安全生产标准化长效管理难的问题,全面推行了农村水电站安全生产"三色"管理机制,建立起农村水电安全生产监管体系,在助推安全生产标准化建设和安全生产隐患排查治理方面取得显著成效，努力实现让平安水电点亮美丽乡村。

为了深入贯彻落实绿色发展理念，使农村水电站更好地服务美丽中国建设，不断提升行业安全管理水平，促进农村水电可持续发展，温州市水利水电处与浙江水利水电学院共同编写《农村水电站安全生产监督检查要点释义》一书，以温州市农村水电站标准化管理和安全生产"三色"管理做法为蓝本，系统阐述了农村水电站安全生产管理的目标职责、制度建设、教育培训、现场管理、隐患排查治理、持续改进等方面的内容。本书既有政策解读，也有技术要求和范本示例，图文并茂，通俗易懂，对各级水电主管部门和农村水电生产经营单位从业人员具有实际指导作用。相信本书的出版发行，对提高农村水电行业安全生产管理水平，全面落实安全生产标准化管理长效机制，起到很好的促进作用。

2017 年 11 月

前言

温州市水利水电处联合浙江水利水电学院编写了《农村水电站安全生产监督检查要点释义》,以期对农村水电站开展安全生产管理工作提供帮助,对农村水电站开展安全生产标准化建设工作提供指导,进一步加强农村水电站安全生产监督管理,提高农村水电站安全生产管理水平。

本书分为正文和附录两部分。正文部分首先概述了农村水电站及其作用、安全生产标准化建设,较详细地介绍了温州农村水电安全生产"三色"管理的意义、内容及实施办法等;然后围绕《企业安全生产标准化基本规范》(GB/T 33000—2016)提出的企业安全生产目标职责、制度化管理、教育培训、现场管理、安全风险管控及隐患排查治理、应急管理、事故查处、持续改进等9个核心内容,详细地介绍了农村水电站安全生产工作督查要点、管理要点以及会议文档具体的管理方法等,并解释了安全色、安全标志、安全隐患、安全事故、"四不放过"原则等概念。附件部分为农村水电站安全生产监督管理的制度示例。

本书在编写过程中,得到了浙江省水电管理中心有关领导、浙江省农村水电站安全生产标准化一级评审有关专家和中国水利水电出版社的关心支持,在此表示诚挚的谢意;同时特别感谢浙江省永嘉县金溪水电站、文成县靛青山水力发电厂等为本书提供了现场摄影资料。

由于经验不足,本书不当之处望各单位同仁、读者多加批评指正。

编者
2017 年 11 月

目录 CONTENTS

前言

1 农村水电站安全生产管理概述

1.1 农村水电站及其作用 …………………………………………… 1
1.2 安全生产标准化建设 …………………………………………… 2
1.3 温州市农村水电安全生产"三色"管理 ……………………… 7

2 安全生产目标职责

2.1 "五落实、五到位"规定 ……………………………………… 13
2.2 督查要点 ………………………………………………………… 14
2.3 管理机构及人员 ………………………………………………… 15
2.4 目标 ……………………………………………………………… 16
2.5 责任制 …………………………………………………………… 19
2.6 投入 ……………………………………………………………… 20
2.7 安全文化建设 …………………………………………………… 21
2.8 会议及文档 ……………………………………………………… 22
2.9 文档式样及示例 ………………………………………………… 23

3

制度化管理

- 3.1 督查要点 ······ 30
- 3.2 常备法律法规和标准规范 ······ 30
- 3.3 电站制度和规程 ······ 32
- 3.4 上墙制度 ······ 34
- 3.5 制度建设管理 ······ 34
- 3.6 制度文档示例 ······ 36

4

教育培训

- 4.1 督查要点 ······ 38
- 4.2 对象及要求 ······ 38
- 4.3 主要管理内容 ······ 40

5

现场管理

- 5.1 督查要点 ······ 43
- 5.2 安全色和安全标识 ······ 44
- 5.3 水工建筑物 ······ 47
- 5.4 金属结构 ······ 52
- 5.5 水力机械 ······ 56
- 5.6 电气设备 ······ 61
- 5.7 设备设施运行检修管理 ······ 69
- 5.8 厂区安全管理 ······ 74
- 5.9 标识管理 ······ 83
- 5.10 作业安全 ······ 84
- 5.11 职业健康管理 ······ 87

6 安全风险管控及隐患排查治理

- 6.1 安全隐患主要表现及治理方法 ············ 89
- 6.2 督查要点 ············ 91
- 6.3 主要管理内容 ············ 91

7 应急管理及防汛安全

- 7.1 督查要点 ············ 93
- 7.2 主要管理内容 ············ 93
- 7.3 突发事件 ············ 94
- 7.4 应急预案 ············ 95
- 7.5 应急设备物资管理 ············ 97

8 事故查处

- 8.1 督查要点 ············ 99
- 8.2 主要管理内容 ············ 99
- 8.3 事故报告 ············ 100
- 8.4 事故调查 ············ 100
- 8.5 "四不放过"原则 ············ 101

9 持续改进

- 9.1 绩效评定 ············ 103
- 9.2 改进提高 ············ 104

参考文献 ············ 105

附录 A 农村水电安全生产监管主体履职情况检查表 ·················· 106
附录 B 农村水电站安全生产检查表 ····························· 108
附录 C 农村水电安全生产检查整改通知书 ························ 114
附录 D 农村水电站运行规程（编制提纲） ························ 115
附录 E 闸门及其启闭机运行规程 ······························ 116
附录 F 水工建筑物管理制度 ·································· 119
附录 G 工作票制度 ·· 122
附录 H 操作票制度 ·· 124
附录 I 操作票和工作票 ····································· 126
附录 J 电站各岗位责任制 ··································· 132
附录 K 运行值班制度 ······································ 135
附录 L 运行交接班制度 ····································· 136
附录 M 运行设备巡查制度 ··································· 138
附录 N 水电站安全教育培训管理办法 ··························· 142
附录 O 重大危险源安全管理制度 ······························ 144
附录 P 事故隐患排查治理制度 ································ 148
附录 Q 应急设备管理制度 ··································· 151

1 农村水电站安全生产管理概述

1.1 农村水电站及其作用

水电站是将水能转换为电能的综合工程设施,一般包括水库枢纽、引水系统、发电厂房和机电设备等。

水电站的工作原理如图1-1所示。利用水电站枢纽集中天然水流的落差形成水头,汇集、调节天然水流的流量,并将它输向水轮机,经水轮机带动发电机运转,将集中的水能转换为电能。电能再经开关站、电力线路汇入电网。

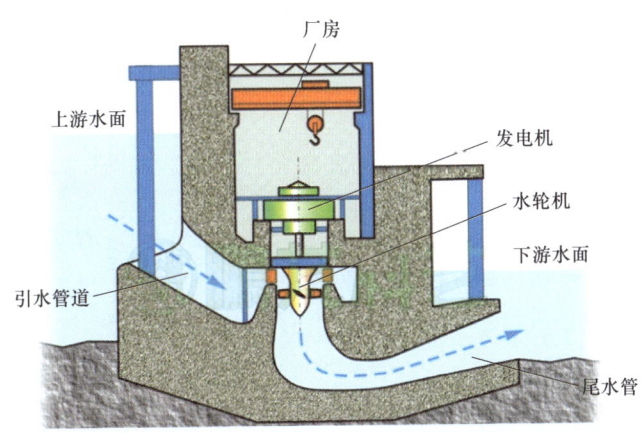

图1-1 水电站工作原理示意图

在我国将装机容量5万kW及以下的水电站和配套的输出工程称为农村水电站。

农村水电是绿色能源。和煤炭等石化能源相比,水电具有明显的生态优势;和风能、光伏等新能源相比,水电具有明显的价格优势和可调度优势。调节性能较好的水库电站是地方电网调频调峰的重要手段,有利于迎峰保供电。农村水电站也常作为电网事故备用电源。除发电以外，电站水库通常还有防洪、灌溉、饮水、航运等综合功能，不仅提高了农村防洪抗旱能力和水资源综合利用能力，也提高了农业综合生产能力，农村水电站建设也促进了附近农村人口就业和脱贫致富。

1.2 安全生产标准化建设

1.2.1 概述

安全生产是指为预防生产过程中发生人身、设备事故，形成良好劳动环境和工作秩序而采取的一系列措施和活动。

安全生产包括以下几层含义：

(1) 在生产过程中不出人身事故。

(2) 在生产过程中不出设备事故。

(3) 保持卫生、整洁、文明的劳动环境。

(4) 没有影响员工健康和设备正常运转的不利因素。

安全生产工作牵涉到方方面面，必须全员、全过程、全方位地共同做好工作，才能有安全生产的保证。

我国安全生产的方针是"安全第一、预防为主、综合治理"。我国加强安全生产工作的重要举措之一是开展安全生产标准化建设。

根据《企业安全生产标准化基本规范》(GB/T 33000—2016)定义，农村水电站安全生产标准化是指，电站通过落实安全生产主体责任，通过全员全过程参与，建立并保持安全生产管理体系，全面管控生产活动各环节的安全生产与职业卫生工作，实现安全健康管理系统化、岗位操作行为规范化、设备设施本质安全化、作业环境器具定置化，并持续改进。

1.2.2 温州市农村水电安全生产标准化建设

温州市水电资源蕴藏量丰富，可开发水电装机约 128 万 kW，已建成农村水电站 500 余座，总装机容量 90 多万 kW，年发电量 23 亿 kW·h。这些农村水电站因面广量大、良莠不齐，存在"重建轻管"现象，部分电站安全生产形势严峻。

为全面加强农村水电站安全监管，温州市水利局于 2012 年决定开展农村水电站标准化达标评级创建工作，通过创新理念、标化管理、"五型电站"建设，形成了达标创建、评级、长效管理的良性循环。

具体做法有如下方面：

(1) 建立组织保障。市、县两级水行政主管部门分别成立工作领导小组。

(2) 顶层设计，落实责任。市水利局在对全市农村水电站调查摸底的基础上，做好顶层设计，制定出台一系列指导性、可操作性强的农村水电站标准化建设制度，并落实目标考核责任，把这项工作纳入到市对县（市、区）的水利考核内容。

(3) 强化资金技术保障。市水利局安排专项资金，以奖代补奖励给达标电站；各县（市、区）也相应安排专项奖励资金，调动农村水电站业主参与标准化建设的积极性。邀请各级专家组织成立市级的专家服务团，赴各县（市、区）开展技术服务工作，帮助各地提高标准化电站创建达标水平。

(4) 先行开展试点。温州市于2013年先行选择6个不同装机规模、不同管理特点、不同所有制的"示范电站"开展农村水电站安全生产标准化试点建设。确保第一座电站通过标准化验收，以实际达标电站回答"什么样的电站是标准化电站"的问题。

(5) 建立指导性范本。根据《水利部关于印发农村水电站安全生产标准化达标评级实施办法（暂行）的通知》（水电〔2013〕379号）及配套的评审标准和《农村水电站技术管理规程》（SL 529—2011），以及《浙江省农村水电站安全生产标准化评审标准》，制定了《温州市农村水电站（1000kW以下）安全生产标准化评审标准》《温州市农村水电站（1000kW以下）安全生产标准化创建制度汇编》，以制度、台账和标准化细节图片以及有155个节点的系统图，给电站以指导性的创建范本。在全面铺开农村水电站标准化创建的同时，温州市又把农村水电站标准化创建工作从安全生产层面提升到水电企业管理层面，提出打造安全型、高效型、创新型、和谐型、秀美型的"五型电站"的创建目标，并鼓励各地在标准化创建中结合当地特点，努力挖掘自身特色。

(6) 推广经验，互看互学。在各县召开标准化创建现场会，推广示范电站的安全生产标准化创建经验，组织电站与电站之间开展互看互学活动，组织县与县之间进行对口检查交流。

(7) 做好技术服务与交流培训。市水电行业协会牵头组织开展标准化创建督查、指导、技术服务和现场评审，并组织专家服务团到电站开展各项服务活动；利用交流平台推广好的经验和做法，统一采购标识标牌和选取施工队伍等，以降低电站创建成本。建立市级标准化评审专家库，举办标准化创建培训班和从业人员轮训培训班，提高电站运行人员素质。

(8) 加强宣传与文化建设。通过媒体、会议等各种方式宣传农村水电站标准化创建的意义和做法，进一步促使农村水电站业主从"要我达标"转向"我要达标"。鼓励各地注重水电行业文化内涵的挖掘和提炼，形成农村水电企业文化，提升职工的安全生产意识。水电站将标准化创建任务分解落实到每个人，通过动员、布置、实施、监督、检查、评比等环节，让所有员工都参与到标准化创建中，提高每个人的安全生产水平。

(9) 建立长效管理机制。鼓励二级、三级标准化电站继续提升，申报一级标准化电站；一级标准化电站继续按照安全生产标准化评审内容开展持续改进，鼓励电站因地制宜形成不同特色的标准化电站。出台温州市地方标准《农村水电站安全运行管理规范》(DB 3303/T56—2015)，进一步从制度上保障农村水电站安全生产标准化的长效管理。

随着进入"互联网＋"时代，温州市不断深化提升已有农村水电站安全生产标准化建设成果，实施"智慧水电"平台建设，探索水电运行管理新思路。目前已经开展农村水电站集约智能化改造、"全物业化"管理的试点。具体做法是：对 1000 kW 以下农村水电站，推行"1＋1"电站标准化管理模式，即一个值守人员＋一套智能化控制设备对整个电站进行有效管控，实现自动化、智能化；对小水电站群，利用"互联网＋"汇入统一平台，汇集现场信息、智能预判、主动预警等，实现自动化、智能化、集约化，深度融合运行维护管理，提升农村小水电站运行管理的本质安全水平。

1.2.3 农村水电站标准化创建工作要点

农村水电站开展安全生产标准化达标评级工作，要组织落实相关工作，制定《农村水电安全生产标准化达标评级工作方案》，方案具体内容包括领导小组、创建内容、人员分工、计划进程等。

1. 标准化创建工作步骤

农村水电站开展安全生产标准化创建工作的一般进程步骤如下：

(1) 组织学习，了解安全生产标准化的主要作用，学习标准、掌握标准，知道农村水电站安全生产标准化建设如何开展。

(2) 成立机构，设立标准化创建领导小组，明确领导小组的成员组成和主要职责。

(3) 落实职责，明确谁该干什么。可设立标准化创建工作分工表，栏目包括创建内容、负责人员、参与人员等，内容中需要特别关注"单位基本条件符合性检查表"中的一票否决项。

(4) 过程建设。人人参与建设。

(5) 自查自纠。对建设过程进行监控，养成执行日常工作记录的习惯，做到过程中检查整改人员、时间和要求及是否整改等有据可查。

(6) 形成材料，按要求归类装盒。

（7）自查报告，按编写要求完成自查报告。
（8）申请评审，配合外部评审组完成评审。
（9）持续改进，通过绩效评定，不断改进，形成闭环管理。
2. 标准化创建文件实例
(1) 关于成立安全生产标准化创建领导小组的通知，格式如下。

关于成立安全生产标准化创建领导小组的通知

各部门：

为确保安全生产标准化创建工作顺利开展，针对电站领导班子及职能部门机构和人员调整情况，经研究，决定成立本电站安全生产标准化创建领导小组，现将有关事项通知如下。

一、标准化创建领导小组组成

1. 组长：
2. 副组长：
3. 成员：

二、主要职责

1. 对全电站安全生产标准化创建工作实施综合管理，负责协调、指导、监督安全生产标准化创建工作。

2. 对全站安全生产责任制落实情况进行监督，督促安全责任分解落实至个人。

3. 贯彻"安全第一，预防为主，综合治理"的方针，落实《安全生产法》和国家、省、市和上级其他有关安全生产的法律、法规、制度，根据相关标准化创建文件要求，梳理电站创建面临的问题提出解决措施。

4. 制定标准化创建目标、实施方案、实施计划，指导开展创建工作、督促标准化创建进度。

5. 推广安全生产科研成果、先进技术及现代安全管理方法，建立、健全安全生产责任制，改善安全生产条件，保障电站安全生产达到国家标准和行业标准。

6. 督促相关部门做好职业安全健康管理和劳动保护的有关事项。标准化创建领导小组下设标化创建办公室，负责日常工作开展。

×××× 电站

××××年××月××日

(2) 安全生产标准化创建工作分工表，见表 1-1。

表1-1　　　　　　　安全生产标准化创建工作分工表

序号	项目序号	主要内容	工作要求	完成时限	责任人/部门	督办人

（3）安全生产标准化自查发现问题及整改表，见表1-2。

表1-2　　　　　　安全生产标准化自查发现问题及整改表

序号	项目序号	发现的问题（对比标准）	整改措施建议（对比标准）	整改时限	责任人/部门	督办人	是否重点问题（√/×）

（4）安全生产标准化迎评资料整理示例（图1-2）和自评检查（图1-3）。

图1-2　安全生产标准化迎评资料整理

图 1-3　安全生产标准化自评检查

1.3　温州市农村水电安全生产"三色"管理

为规范农村水电安全生产监督检查行为,突出监督检查的针对性和可操作性,提高工作绩效,根据《中华人民共和国安全生产法》、水利部《农村水电安全生产监督检查导则》,温州市水利局、温州市安全生产监督管理局、温州市电力局于 2016 年组织制定《温州市农村水电站安全生产监督检查指导意见(试行)》,并对温州市农村水电站安全生产实行"三色"管理。

1.3.1　"三色"管理的意义、内容和要求

1. 管理的意义

通过"三色"管理实践,促进农村水电站全面落实企业安全生产主体责任,切实做到管行业必须管安全、管业务必须管安全、管生产经营必须管安全。进一步加强农村水电站安全生产标准化管理,构建安全生产管理长效机制,从源头上防范生产安全事故的发生,提升农村水电站运行安全并长久充分发挥效益。

各级部门监管工作职责:市级水行政主管部门负责检查全市农村水电安全生产监管主体的履职情况,负责抽查责任主体的履职情况;县级水行政主管部门负责检查本辖区内农村水电安全生产责任主体的履职情况;安监、电力部门加强农村水电站安全生产工作的督促与指导。

按照"属地管理"的原则和职责分工,所在地水行政主管部门是已投入运行农村水电安全生产的监管主体,负责对农村水电安全生产责任主体进行安

生产检查。农村水电生产经营单位是安全生产的责任主体，业主负责人"一岗双责"，既要承担生产管理职责，也必须承担安全管理职责，按要求定期开展安全生产自查和整改。

2. 对农村水电安全生产监管主体的管理内容和要求

"三色"管理对农村水电安全生产监管主体提出了具体的监督管理内容和要求，以检查农村水电安全生产监管主体的履职情况，具体内容包括如下方面。

（1）贯彻落实上级安全生产精神和要求。按照上级安全生产精神和农村水电安全生产要求，及时安排部署落实到各个电站等相关单位；如果根据上级要求做专项检查，则首先要求制定专项检查方案，然后组织实施；对于年度工作，应该结合上级精神和本地农村水电站实际，制订安全生产年度监督检查计划，保证计划的落实执行，年度结束后做好总结工作。

（2）落实农村水电安全生产"双主体"责任。对于农村水电安全生产监管主体本身，要求将各个安全监管的责任分解到人，落实每项安全监管工作责任人，若人员有变动则及时调整。对承担的安全监管工作要制订工作方案，方案实施要有计划部署，对安全生产检查要设检查表，检查结果要有记录并及时反馈。要求逐站落实农村水电站的安全生产"双主体"责任，逐站检查安全生产"双主体"是否签订年度安全生产责任书；每年进行安全生产"双主体"责任人公示。

（3）开展农村水电安全生产标准化建设。要求制定农村水电安全生产标准化达标评级工作方案，明确一段时间内水电站达标申请情况及评级安排等；对水电站开展运行管理标准化并对安全生产标准化建设工作进行指导；及时组织开展达标评级工作。

（4）开展农村水电安全生产监督检查和隐患排查治理工作。要求做好常规安全检查和专项安全检查，每年汛前、汛中、汛后都开展现场监督检查，做好安全监督检查和隐患排查工作的计划制订、实施、台账记录和总结等，隐患排查要实行排查、整改、销号"闭环"管理。台账记录要求做到详实、账目明晰，监督检查中发现的问题立即下达整改通知书，并督促及时整改，对不能立即整改的重大安全隐患采取相应防范措施并挂牌督办。

（5）组织开展农村水电安全教育培训。每年定期组织开展安全生产法律法规和技术标准的宣贯培训，组织农村水电站安全负责人和安全生产管理人员培训考核。

（6）及时统计、报送农村水电安全生产信息。按要求做好年报等农村水电安全生产信息统计，准确完成统计表，按要求形成相关报告，及时报送安全检查统计表和报告。

（7）做好农村水电生产应急管理和事故报告处理等。要求建立应急响应机制，指导监管电站编制事故应急预案；农村水电站发生安全生产事故后，及时填写《农村水电事故应急报告表》并上报，按照"四不放过"的原则对发生的生产安全事故进行查处，对有关责任人员进行责任追究。

温州市级主管部门对农村水电安全生产监管主体进行监督检查，《农村水电安全生产监管主体履职情况检查表》详见附录 A。

3. 对已投入运行的农村水电站的安全生产监管内容和要求

具体内容包括：安全生产管理机构设立及安全管理人员配备情况；安全生产"双主体"责任落实情况；安全生产各项规章制度建立健全、各类规程编制、安全管理标准强制性条文及"两票三制"执行情况；安全生产标准化建设开展及达标情况；防汛责任制、防汛预案编制和安全保障措施落实情况；应急预案制定及演练情况；设备、设施评级及巡视检查情况；设备、设施运行管理情况；生产作业场所安全生产情况；隐患排查治理及台账建立情况；安全负责人员、安全生产管理人员、特种作业人员、在岗人员等安全教育培训情况；生产安全事故报告、调查和处理情况等。

1.3.2 "三色"管理的实施

1. 实施过程

农村水电生产经营单位于每年 4 月 15 日前完成自查，县级水行政主管部门于每年 5 月 30 日前完成检查，市级水行政主管部门不定期组织履职情况督查和安全生产检查的抽查。水行政主管部门根据实际，适时采取"四不两直"（不发通知、不打招呼、不听汇报、不要陪同接待，直奔基层、直插现场）的方式，开展履职情况督查和安全生产检查。组织检查单位成立安全生产监督检查组，监督检查组包括一定数量的相关专业技术人员。

2. 实施方式

督查组预先制定检查方案，明确检查项目、内容和要求等，开展现场检查和台账资料检查，听取被检查单位履职情况和安全生产工作情况的介绍，并保存好影像资料和重要检查记录。

督查填写《农村水电站安全生产检查表》（详见附录 B），根据其中的条目对每个检查的电站进行量化打分,总分 100 分,统计电站的得分情况。根据得分情况将农村水电站安全生产状况评定为 A、B、C 三类。

3. 实施结果

按照分类,实行"三色"管理,管理办法见表 1-3。

表 1-3　　农村水电站安全生产状况"三色"管理一览表

序号	分　类	评定等级	"三色"牌	分类管理要求
1	检查得分大于等于 80 分的电站	A	绿牌	安全生产水平达标,以自我管理为主; 主管部门每 6 个月至少检查 1 次
1	已评定为一级、二级安全生产标准化电站称号,并在其有效期内的电站	A	绿牌	安全生产水平达标,以自我管理为主; 主管部门每 6 个月至少检查 1 次
2	检查得分小于 80 分、大于等于 60 分的电站	B	黄牌	一般监督检查对象,限期整改; 主管部门每 2 个月至少检查 1 次
2	检查得分大于等于 60 分,但存在大坝未按规定进行安全鉴定、生产设备、设施类总评审得分率低于 65%、"两票"执行率未达到 100% 等情况之一的电站	B	黄牌	一般监督检查对象,限期整改; 主管部门每 2 个月至少检查 1 次
3	检查得分小于 60 分的电站	C	红牌	重点监督检查对象,限期整改或停产整改; 主管部门每 1 个月至少检查 1 次
3	检查得分大于等于 60 分,但存在下列情形之一的电站:①大坝安全鉴定为三类坝的;②主要设备、设施危及安全生产的;③有谎报、瞒报事故的	C	红牌	重点监督检查对象,限期整改或停产整改; 主管部门每 1 个月至少检查 1 次

(1) 按照评定结果管理。安全生产状况评定为 B 类的农村水电站,在电站显著位置悬挂黄牌限期整改。电站应按照整改通知书要求的限期完成整改,消除安全生产隐患。在安全生产责任主体自我管理的基础上,水行政主管部门加大监督检查力度,原则上 2 个月至少检查 1 次。

安全生产状况评定为 C 类的农村水电站,在电站显著位置悬挂红牌限期整改。电站应按照整改通知书要求的限期完成整改,消除安全生产隐患。水行政主管部门加大监督检查力度,原则上 1 个月至少检查 1 次,适时开展多部门联合整治。

(2) 整改后动态管理。农村水电生产经营单位完成整改后或整改期限已满,应向本级水行政主管部门提出复查申请,水行政主管部门重新量化打分。

经复查,安全生产状况复评为 A 类的农村水电站撤销黄牌或红牌警告;原安全生产状况评定为 C 类的农村水电站复评为 B 类的,撤销红牌警告并给予黄牌警告。

经复查,原安全生产状况评定为 B 类的农村水电站复评结果为 B 类的,应给予红牌警告;原安全生产状况评定为 C 类的农村水电站复评结果为 C 类的,应在电站显著位置悬挂红牌停产整改,经 1 次停产整改后复评为 A 类或 B 类方可恢复生产。

经复查,悬挂红牌停产整改的农村水电站复评结果为 C 类的或拒不整改的,由组织复查的水行政主管部门出具农村水电站解网意见,抄送安监、电力部门,由电力部门根据相关法律法规配合予以解网;改造潜力不大的老旧电站劝其有序退出;对造成严重后果的,追究其法定代表人及其相关负责人责任。

"三色"管理牌式样如图 1-4~图 1-6 所示。温州市《农村水电安全生产检查整改通知书》等"三色"管理有关资料详见附录 C。

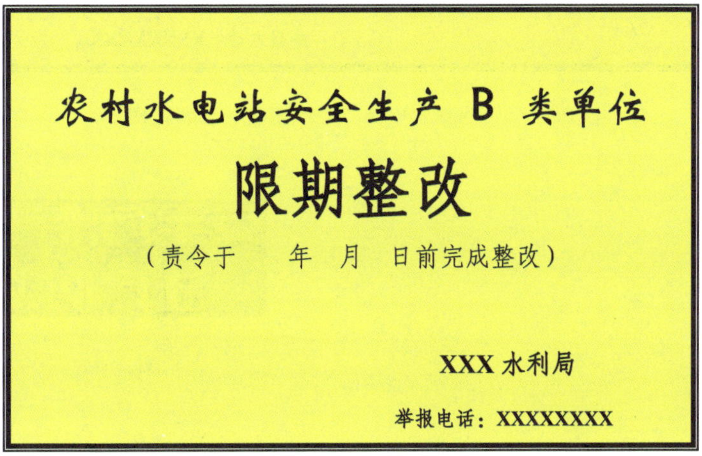

图 1-4 农村水电站"限期整改"黄牌式样

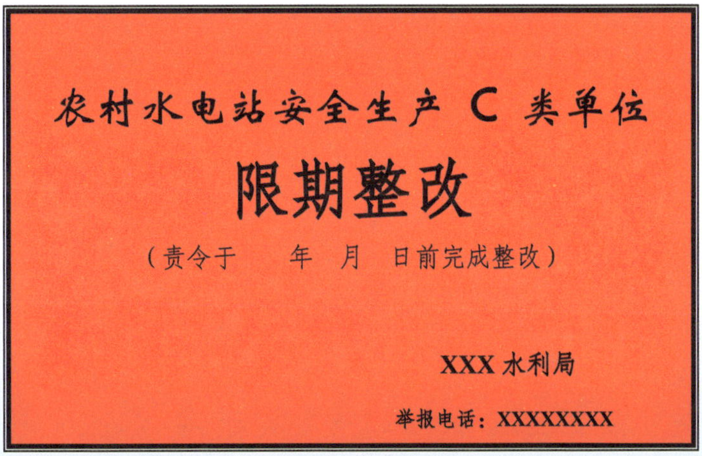

图 1-5 农村水电站"限期整改"红牌式样

> 农村水电站安全生产 C 类单位
> # 停产整改
> （责令于　年　月　日前完成整改）
>
> XXX水利局
> 举报电话：XXXXXXXX

图1-6　农村水电站"停产整改"红牌式样

2 安全生产目标职责

农村水电站开展安全生产工作,关于目标职责方面的内容主要包括:①成立安全生产管理机构;②提出安全生产与职业卫生目标,建立目标管理制度;③落实各级安全生产职责;④落实安全生产经费等。

2.1 "五落实、五到位"规定

为全面贯彻落实新的《中华人民共和国安全生产法》(以下简称《安全生产法》),进一步健全安全生产责任体系,强化企业安全生产主体责任落实,国家安全监管总局于 2015 年制定了《企业安全生产责任体系五落实五到位规定》(安监总办〔2015〕27 号),主要内容就是要求企业必须做到"五个落实、五个到位",具体内容如下:

(1) 必须落实"党政同责"要求,董事长、党组织书记、总经理对本企业安全生产工作共同承担领导责任。

(2) 必须落实安全生产"一岗双责",所有领导班子成员对分管范围内的安全生产工作承担相应职责。

(3) 必须落实安全生产组织领导机构,成立安全生产委员会,由董事长或总经理担任主任。

(4) 必须落实安全管理力量,依法设置安全生产管理机构,配齐配强注册安全工程师等专业安全管理人员。

(5) 必须落实安全生产报告制度,定期向董事会、业绩考核部门报告安全生产情况,并向社会公示。

(6) 必须做到安全责任到位、安全投入到位、安全培训到位、安全管理到位、应急救援到位。

上述每一个必须、每一项要求,都依据了安全生产相关法律法规,有法可依,违反了规定就要依法进行处罚。

《安全生产法》第五条明确规定:生产经营单位的主要负责人对本单位的安

全生产工作全面负责。第十八条规定的企业主要负责人对安全生产工作负有的职责包括：建立、健全本单位安全生产责任制；组织制定本单位安全生产规章制度和操作规程；组织制定并实施本单位安全生产教育和培训计划；保证本单位安全生产投入的有效实施；督促、检查本单位的安全生产工作，及时消除生产安全事故隐患；组织制定并实施本单位的生产安全事故应急救援预案；及时、如实报告生产安全事故等。企业中的基层党组织是党在企业中的战斗堡垒，要落实安全生产"党政同责"，党委要管大事，安全生产也是大事；党政一把手必须亲力亲为、亲自动手抓。因此，各类企业必须要落实"党政同责"的要求，党组织书记要和董事长、总经理共同对本企业的安全生产工作承担领导责任，也要抓安全、管安全，发生事故要依法依规一并追责。

《安全生产法》第十九条规定：生产经营单位的安全生产责任制应当明确各个岗位的责任、责任范围和考核标准等内容。安全生产工作是企业管理工作的重要内容，涉及企业生产经营活动的各个方面、各个环节、各个岗位。安全生产人人有责、各负其责，这是做好企业安全生产工作的重要基础。抓好安全生产工作，企业必须按照"一岗双责""管业务必须管安全、管生产经营必须管安全"的原则，建立健全覆盖所有管理和操作岗位的安全生产责任制，明确企业所有人员在安全生产方面所应承担的职责，并建立配套的考核机制，确保责任制落实到位。

企业安全生产管理"一岗双责"指履行本职岗位应有的管理职责的同时，还要担负起相应的安全生产工作责任。

2.2 督查要点

监督检查农村水电站是否落实安全生产目标职责，主要看以下方面：

（1）是否成立由水电站安全生产第一责任人为领导的，各部门（车间）安全第一责任人为成员的安全生产领导小组，参加人员是否齐全。

（2）是否根据实际情况配备了专（兼）职安全员，安全员配置是否齐全。

（3）安全生产领导小组、安全监督网络（或安全员）是否有正式文件颁发。安全生产主体责任是否落实，责任人是否现场公示。

（4）安全生产领导小组职责履行情况：

1）是否建立安全生产规章制度，并以正式文件颁发；制定的规章制度是否齐全，规章制度内容是否符合岗位工作实际，规章制度内容是否完整。

2）领导小组是否组织开展安全监督检查工作，查证监督检查记录；监督检查是否按规定开展，记录是否齐全、内容是否完整。

3）是否按规定每月召开一次安全专题会议，有无会议记录；会议记录是否完整无缺次，内容是否齐全。

（5）安全会议提出的整改措施和要求是否落实，查证跟踪检查记录，发现未落实的，再制订整改计划、再跟踪检查，直到整改落实。

（6）是否制定《安全生产目标管理制度》，其中是否包括规划目标、总体目标、年度目标，分解到各个层面的目标，目标控制措施，各层次目标指标考核办法等；《安全生产目标管理制度》是否经分管领导审核、主要领导批准，并以正式文件颁发。

（7）查电站级（电站与上级签订）、部门（车间）级（部门与电站签订）、班组级（班组与车间签订）等年度安全生产责任书；责任书是否为安全第一责任人签名，签订日期是否与规定周期相符，责任书所列目标指标是否与该单位安全生产管理目标相符；清查所有安全生产责任书，了解有无漏签、错签、重复签等情况；现场抽查员工，了解单位责任书宣贯情况；查证签订责任书的组织情况及责任人到位情况，核查签订安全生产责任书的会议记录及与会人员签到表。

（8）是否制定并以文件颁发《安全生产费用管理制度》。

（9）是否编制有年度安全生产经费预算计划，投入费用是否按规定提取并专项用于安全生产；计划是否实施落实，检查安全培训情况、安全工程技术措施落实情况、安全生产费实际使用效果等。

（10）是否建立了安全生产费用管理台账。

（11）是否制定了安全文化建设管理制度，并以正式文件颁发。

（12）是否进行了安全文化活动，查活动内容记录。

（13）现场观察检查，宣传墙板和标语等安全文化氛围；进一步查看工作岗位员工安全价值观等。

2.3　管理机构及人员

农村水电站一般设安全生产管理领导小组，并配备专（兼）职安全生产和职业卫生管理人员。规模大的企业，可以设立安全生产委员会。

电站成立安全生产管理领导小组，要求正式发布"关于成立安全生产管理机构的通知"的文件。文件内容包括组成人员和主要职责等。组成人员设组长、副组长及成员。主要职责有如下方面：

（1）制定水电站总体和每年度的安全生产与职业卫生目标，包括目标及其分解、实施、检查、考核等要求。

（2）建立健全安全生产与职业卫生责任制。

（3）定期对安全生产与职业卫生责任制履行情况进行监督考核，对责任制中的职责设置等进行评估，对不适宜的地方进行修改。

（4）建立安全生产投入保障制度。

（5）建立健全安全生产与职业卫生规章制度。

（6）建立健全安全教育培训制度。

（7）开展安全文化建设。

（8）开展安全风险管控及隐患排查治理、应急管理和事故查处等。

（9）建立文件和记录管理制度。

（10）开展安全生产信息化建设。

除安全生产管理领导小组外，电站还要设专（兼）职安全生产与职业卫生管理人员（一般称安全员）并以文件形式发布"关于明确安全生产与职业卫生管理人员的通知"。

安全员配备按照有关规定要求。

2.4 目标

电站应制定《安全生产与职业卫生目标管理制度》，以文件形式发布《关于发布〈安全生产与职业卫生目标管理制度〉的通知》。

文件内容包括安全生产与职业卫生目标制定、目标分解、目标实施、目标检查、目标考核等。

1. 目标制定

规划目标：几年的规划期内安全生产目标。

总体目标：年度安全生产目标和管理目标。

具体目标：从安全事故控制目标、安全生产隐患治理目标、安全生产与职业卫生管理目标、管理目标等几个方面考虑，具体包括如下方面：

（1）管理制度齐全。

（2）不发生有人员责任的重大事故。

（3）不发生恶性误操作事故。

（4）不发生职业病危害事故。

（5）不发生火灾、爆炸事故。

（6）三级安全教育率达到100%。

（7）月千人负伤率小于1‰。

（8）隐患整改率大于95%。

（9）安全设施、设备完好率大于或等于95%。

（10）特种作业人员持证上岗率100%。

（11）全年实现事故零死亡。

（12）有毒有害场所检测合格率达到100%。

（13）千人重伤率控制在1‰以内。

（14）火灾、爆炸、恶性误操事故为零。

（15）全年累计千人负伤率控制在5‰以内。

（16）安全教育培训合格率达到99%。

（17）隐患治理完成率达到98%。

（18）安全设施、设备完好率大于或等于98%。

（19）特种作业人员持证上岗率100%。

（20）年事故起数降低率达10%以上。

2. 目标分解

按照职能部门、责任车间、职责岗位等要求，将电站的安全生产与职业卫生总目标分解到电站下属部门及班组，对班组等提出较大及以上事故为零、工亡为零、触电事故为零、违章操作率为零、持证上岗率等目标，具体根据基层部门在生产等活动中所承担的职能而定。

3. 目标实施

提出实现年度安全生产与职业卫生目标的具体措施，如落实安全生产与职业卫生责任制、建立完善监管体系、开展教育培训和各种活动等，具体包括如下方面：

（1）全面贯彻落实国家、地区及上级部门关于安全生产工作的法律法规、方针政策，学习领会各种安全会议精神，积极开展"安全生产月"等活动，并制定出相应的具体措施。

（2）建立健全和落实安全生产与职业卫生责任制，将责任层层分解落实到班组及每个岗位。建立健全安全生产管理机构，配备专兼职安全生产与职业卫生管理人员。

（3）健全和完善规章制度，规范员工的安全生产行为，最大限度地保障员工的安全。

（4）保证安全生产与职业卫生投入，进一步完善安全生产与职业卫生条件。

（5）制定落实年度安全生产培训计划。认真组织开展各种形式的安全生产宣传、教育、培训工作。

（6）组织安全生产检查，及时消除各类事故隐患。每月召开一次安全工作会议，形成会议纪要。每月开展一次综合性安全大检查；适时组织各类专项安全生产检查，建立事故隐患排查台账，做到措施、资金、人员、时间、预案"五落实"。

（7）加强危险源管理，开展重大危险源普查、登记、报告和监控工作；加强职业危害防治工作，推行职业危害监控，建立职业病防治台账。

（8）完善事故应急救援预案，组织相关人员学习预案内容，掌握现场处置方案。配备必要的应急救援人员，建立应急救援组织，配备应急物资和装备，保持有效的应急能力。认真组织开展应急救援演练，及时修改完善预案。

（9）做好安全生产事故管理。对于事故和未遂事故按照"四不放过"原则调查、处理、上报事故，并从中吸取教训，防止类似事故再次发生。

（10）认真完成上级有关部门的各项安全生产活动、工作，按照有关要求及时反馈情况和上报安全生产信息。

4. 目标检查与考核

提出按季或按月的检查计划，检查年度安全生产与职业卫生目标是否实现，对检查中发现的问题及时落实解决，保证年度目标的完成。

（1）季度自查。每季度末月，各部门对本季度安全生产与职业卫生目标完成情况进行自查并将自查结果报生产技术科，生产技术科会同有关部门适时进行抽查和检查。

（2）随时监控。生产技术科对各部门安全生产与职业卫生目标实施过程进行监控，随时了解情况，协调解决出现的矛盾和问题，并及时向领导小组报告目标完成情况。

（3）半年考评。每年6月底生产技术科将按不低于30％的比例组织对目标责任部门安全生产目标的完成情况进行抽查，并对未被抽查部门的自查结果进行集中审查，形成半年安全生产目标管理考评结果向安委会报告。

（4）年底总评。每年12月31日前，各部门对全年安全生产目标完成情况进行自查，自查结果报生产技术科。生产技术科将按不低于50％的比例组织对目标责任部门安全生产目标完成情况进行抽查，并对未被抽查部门的自查结果进行集中审查，形成全年安全生产目标管理考评结果向安委会报告。

5. 评定与奖惩

提出年度对目标进行考核的具体方法。

（1）采用倒扣与奖励加分相结合的计分法，扣分项将该项基本分扣完为止，加分项不超过该项的最高累计分。具体方法及标准详见相关附件。

（2）考核得分在90分以上（含90分）且无规定的"一票否决"项的为目标完成部门。其中，考核得分在95分以上（含95分）的为优秀部门；考核得分在

90 分以下或有规定的"一票否决"项的，为未完成目标部门。

（3）依据考评得分，对完成目标的部门予以通报表彰，并作为安全奖励依据。

（4）取消未完成目标的部门当年评先评优资格，并令其向安全生产领导小组提交书面整改意见。

2.5 责任制

电站落实安全生产与职业卫生责任制，要求层层签订安全生产与职业卫生责任书，做到"事事有人管、人人有专责"。

1. 责任书层级

层层签订责任书，一般包括以下几层：

（1）上级负责人和电站负责人签订责任书。

（2）电站负责人和分管负责人签订责任书。

（3）分管负责人和所管部门（班组、车间等）签订责任书。

（4）班组长和所在组员签订责任书。

2. 责任书内容

每一层的责任书内容要有区别，要求基于该层面的安全生产与职业卫生目标要求，明确该岗位或部门（或从业人员）具体的安全生产与职业卫生工作范围、应负责任及相应权利，明确任务和要求。电站各层的安全生产与职业卫生职责如下：

（1）电站主要负责人，全面负责安全生产与职业卫生工作，并履行相应责任和义务。

（2）电站各分管负责人，对各自职责范围内的安全生产与职业卫生工作负责。

（3）电站各级管理人员，按照安全生产与职业卫生责任制的相关要求，履行其安全生产与职业卫生职责。

3. 责任书签订

水电站安全生产领导小组应负责落实各项事宜，包括指定专门部门或专人负责起草责任书，校对责任书是否合理，召开签订责任书相关会议，落实会议纪要等。

4. 责任制考核

责任书签订以后，电站安全生产领导小组应负责落实责任制考核，定期对各责任的履行情况进行监督、考核。考核应由专门部门或专人负责，考核工作应有计划、过程及结果，重视记录。

主管部门定期对目标完成情况进行监督检查，并记录；车间对目标完成情况进行检查，并记录；电站对年终目标完成情况进行考核（重点是责任书兑现），形成考核记录。

5. 责任制评估

水电站安全生产领导小组定期（如1年）研究评估责任制中的职责设置是否合理，对不适宜的地方进行修改。如每年签订的责任书，在签订之前逐条研究，确定是否需要修改、增补；避免每年的责任书千篇一律，有问题也不修改。

6. 报告

水电站最终完成年度安全生产与职业卫生目标完成情况检查、评估和考核报告。

2.6 投入

农村水电站安全生产与职业卫生投入内容一般包括如下方面：

（1）防护装置、保险及信号装置、通风降温等以防止火灾、爆炸、工伤等为目的的一切安全技术措施投入。

（2）淋浴室、更衣室等有关保证生产必需的辅助房屋及一切措施投入。

（3）安全工程项目建设和维护保养投入。

（4）为保障生产过程中职工的安全与健康而作的劳动防护与保健投入。

（5）为有效控制突发事故而预先计划的应急救援系统的应急救援投入，包括应急救援设施、设备、用具或用品等费用，应急救援组织办公费用，应急救援培训及演练费用。

（6）安全宣传教育投入，包括对职工进行安全培训费用，安全生产例会、安全活动费用，安全专题板报（或报纸）、宣传栏、安全宣传稿件、传单等费用。

（7）日常安全管理投入，包括专（兼）职安全员工资、津贴和办公支出，职业安全健康管理体系建立及运行维护费用。

（8）保险投入。包括财产保险、车辆保险、从业人员缴纳相关保险费用。

（9）事故投入。在突发事故发生后，企业为了控制事故扩散、减少损失、处理事故而不得不进行的花费，主要包括事故处理活动费用、对伤亡职工的救治与赔偿费用、环境污染处罚与治理费用、事故发生导致企业停产的损失、企业价值损失和时间上的投入。

（10）安全奖励基金投入。

（11）安全生产标准化建设实施与维护投入。

（12）其他不能列入上述内容的，如作为安全试验、研究所需的仪器、设备等。

农村水电站安全生产与职业卫生投入资金来源一般有以下几个方面：

（1）大修费用。生产设备因不符合安全要求进行的重大修理而不增加固定资产的，由大修理费用开支。

（2）生产成本费用。凡不增加固定资产的安全措施，由生产维修费开支。

（3）安全奖励。未列入以上项目或未列入年度计划的临时项目奖励，由企业奖励基金开支。

（4）安全措施专用经费。根据国家有关规定，每年按年销售收入的1%提取支用。

做好电站安全生产与职业卫生投入管理，具体工作内容有如下方面：

（1）建立安全生产与职业卫生费用管理制度。制度以正式文件颁发。

（2）制定年度安全生产与职业卫生经费预算计划。费用应按规定提取并专项用于安全生产与职业卫生。

（3）安全生产与职业卫生费用开支计划。

（4）建立安全生产与职业卫生费用管理台账。

农村水电站应编制年度安全技术措施及费用投入计划。计划内容主要包括投入措施及项目、投入经费等。列入安全生产与职业卫生投入计划的项目可以考虑如下方面：

（1）符合国家颁布的劳动保护法令、劳动保护指示、标准等相关规定的项目。

（2）解决安全大检查中发现的、尚未解决的，且影响安全生产问题的有关项目。

（3）预防火灾、爆炸，防止工伤、职业危害等需采取的技术措施。

（4）解决安全生产隐患的项目。

（5）所需采取的安全技术措施。

（6）职工提出的有利于安全生产的合理化建议。

农村水电站应建立安全生产与职业卫生费用台账。台账是反映电站安全生产管理与职业卫生管理投入情况的资料记录。建立台账一般要求：①落实专人负责建立安全费用台账，记录安全生产费用的费率、数额及支付计划等；②年底写成安全经费提取和使用情况年度报告。

2.7 安全文化建设

电站安全文化建设的主要内容包括如下方面：

（1）制定安全文化建设管理制度，并以正式文件颁发。

（2）组织多种形式的安全文化活动，营造安全文化氛围，本单位醒目位置设置宣传墙板和标语，做好安全文化活动记录。

（3）形成全体员工所认同、共同遵守、带有本单位特点的安全价值观，形成员工安全自我约束机制等。

2.8 会议及文档

2.8.1 会议

农村水电站有必要定期或不定期召开安全生产相关会议。

1. 安全生产领导小组会议

由安全生产领导小组组长召集，至少每季度召开1次，研究、讨论领导小组职责相关的有关事项。

对每次安全生产领导小组会议都要做记录，对所议重要事项及作出的决定在会议记录基础上形成会议纪要；会议纪要应分发与会人员以及事项涉及的有关部门主管。会议纪要提到的有关决议的执行情况，应落实专人负责督促、检查或考核；督促、检查或考核情况应形成记录。

2. 电站级安全生产会议

由电站安全生产负责人主持，至少每月1次，参加人员一般包括安全生产负责人、技术负责人、安全员、技术人员和各车间负责人等。会议主要内容包括：检查上阶段的安全生产工作，部署下阶段的安全生产工作；传达贯彻上级有关方针政策文件，并研究提出本电站贯彻落实措施；对发生的安全生产事故做处理和决定；表彰和奖励安全生产典型任务和事迹；对生产中存在的问题和事故隐患研究落实解决措施和方法等。

对每次电站级安全生产会议都要做记录，对所议重要事项及作出的决定在会议记录基础上形成会议纪要；会议纪要应分发与会人员以及事项涉及的有关单位主管。会议纪要提到的有关决议的执行情况，应落实专人负责督促、检查或考核；督促、检查或考核情况应形成记录。

3. 车间级安全会议

由分管安全的领导主持，每月至少召开1次，全体组员参加。会议主要内容包括：讨论本部门如何贯彻执行上级安全生产与职业卫生各项决议以及公司在安全生产上的一些重大问题。车间级安全会议也要作会议记录，会议决议的执行情况也应形成记录。

4. 班组安全会议

由班长负责召开，小组成员参加，一般在上班前15min开始，时间为10min左右。会议主要内容包括：传达上级有关会议和文件精神；布置、检查、交流、总结安全生产工作；学习安全操作规程和规章制度等；分析班组内外事故案例；结合本班组特点开展事故隐患的预测预控等。会议内容记录在交接班记录中。

此外，当发生季节性和突发性等情况时，应随时召开安全生产会议。

2.8.2 会议文档

会议文档包括会议记录和纪要。会议记录要求记录真实、准确，要点不漏，作为资料存档。

会议记录一般内容包括时间、地点、人员、主持、会议发言记录等。会议纪要只记要点，作为公文，要在一定范围内传达或传阅，要求贯彻执行。会议纪要一般包括如下内容：①标题：由"会议名称＋会议纪要"构成；②导言：介绍会议召开的基本情况，如时间、地点、参加人员、讨论的问题等；③会议议定事项：逐项列出；④希望：对事项执行者等提出希望。

2.9 文档式样及示例

下面展示若干文件通知、考核记录以及责任书的式样，以供参考。

1. 关于成立安全生产管理机构的通知

格式如下。

关于成立安全生产管理机构的通知

各部门：

为确保安全生产工作顺利开展，针对电站机构改革后领导班子及职能部门机构和人员调整情况，经研究，决定成立本电站安全生产管理领导小组，现将有关事项通知如下。

一、小组组成

1. 组长：
2. 副组长：
3. 成员：

二、主要职责

1. 贯彻"安全第一，预防为主，综合治理"方针，落实《安全生产法》和国家、省、市和上级其他有关安全生产的法律、法规、制度，研究安全生产重要问题，及时向上级主管单位汇报安全工作。

2. 对全电站安全工作实施综合管理，制定电站安全生产和职业卫生目标、管理方案、规章制度、安全技术措施、安全生产计划等并督促实施；负责协调、指导、监督安全生产和职业卫生工作，组织及时研究分析电站的安全生产形势，全面掌握安全生产情况。

3. 建立、健全安全生产责任制，负责对全站安全生产和职业卫生责任制落实情况进行监督；督促实施落实安全责任承包；组织开展电站安全生产宣传、教育、检查活动。

4. 推广安全生产科研成果、先进技术及现代安全管理方法，改善安全生产条件，保障电站安全生产达到国家标准和行业标准。

5. 处理各类事故，组织对事故等的调查处理，负责督促事故的调查、分析、统计和上报工作，制定防范措施，决定处罚事项。

6. 对安全生产环境保护有较大贡献的部门及个人，作出表彰奖励的决定，同时对在安全管理工作中失职及违章的作业人员作出处罚的决定；督促相关部门做好职业安全健康管理和劳动保护的有关事项。

××××公司（电站）
××××年××月××日

抄送：×××××

2. 关于下发《安全生产与职业卫生目标管理制度》的通知
格式如下。

关于下发《安全生产与职业卫生目标
管理制度》的通知

各部门：
  为……
  下发……

××××电站
××××年××月××日

抄送：×××××

附：

安全生产与职业卫生目标管理制度

为明确安全生产与职业卫生目标及其分解、实施、考核等环节内容，使电站安全生产与职业卫生目标管理规范化和制度化，特制订本制度。

一、安全生产与职业卫生目标

（一）电站总的安全生产与职业卫生目标

……

（二）各班组本年度安全生产与职业卫生目标

……

二、目标实施措施

……

三、目标检查与考核

……

四、评定与奖惩

……

3. 安全生产目标完成情况考核记录

安全生产目标完成情况考核记录见表2-1。

表2-1　　　　　安全生产目标完成情况考核记录

被考核部门：_____　　　　　　　　　　　　考核日期：　年　月　日

考核项目	考 核 标 准	考核分值	考核结果
控制指标（40分）	从业人员因公伤亡事故为零	1. 当月若发生控制指标中的任何一项，考核分值（40分）一次扣完；并扣除事故部门的全部绩效。 2. 若发生控制指标中的任何一项，部门负责人承担相应责任，并接受一定的经济处罚	
	从业人员因工重伤为零		
	爆炸事故为零		
	火灾事故为零		
	交通肇事为零		
	误操作导致损失在5万元以上的事故为零		
	从业人员百万工时负伤率小于10‰		
	职业病危害事故为零		
	外协单位及外来参观人员重伤及以上事故为零		
	轻伤事故率控制在3‰以内		
	对工伤和火灾事故100%按"四不放过"的原则进行处理		
	隐患整改与治理100%	2分	
	新员工三级安全教育100%	2分	

续表

考核项目	考核标准	考核分值	考核结果
工作指标 （30分）	老员工、换岗员工的安全再教育100%	2分	
	员工的安全意识提高率大于10%	2分	
	"三违"查处和纠正100%	2分	
	安全标准化的推行覆盖100%	2分	
	危险、危害因素辨识及告知100%	2分	
	特种设备、设施安全保障100%	2分	
	生产作业现场的安全确认100%	2分	
	全员安全教育培训合格率100%	2分	
	特种作业人员持证上岗100%	2分	
	作业人员安全互保联保执行力100%	2分	
	安全设施、附件安全系数达标率100%	2分	
	突发事件应急救援预案的培训及演练	2分	
	文明生产、清洁生产及作业现场定制管理合格	2分	
管理指标 （30分）	安全生产管理制度的执行与落实	3分	
	安全生产操作规程的遵守与执行	3分	
	安全生产责任制的分解、执行与考核	3分	
	安全标准化的推行与执行	3分	
	安全生产目标责任层层分解到班组、个人	3分	
	班前会制度、安全例会制度的落实	3分	
	安全基金的标准提取、有效投入和规范管理	3分	
	对承包商、供应商的安全准入、评价、淘汰、监督与管理	3分	
	安全绩效监测和测量管理的执行	3分	
	突发事件应急预案的有效性	3分	

4. 安全生产责任书（电站与运行班）

格式如下。

×××水力发电厂（水电站）安全生产责任书
（电站与运行班）

为深入贯彻实施《安全生产法》和《电力法》，进一步强化电厂安全生产管理，切实防止和避免各类事故的发生，有效地确保我厂生产安全，××××水力发电厂（水电站）与××××班组电气班签定本安全生产责任书。

一、运行人员必须接受技术培训，熟知安全操作运行规程，并取得省水利厅机电运行工合格证，持证上岗。

二、电气一次设备，电气二次设备，生产用电的电气设备能正常、可靠、无故障运行，控制、操作、保护系统要达到规定技术要求，机组运行无异响，及时发现故障，事故隐患及时处理，及时汇报，厂区、厂房整洁，电气设备要定期保养、检修，做好设备主人管理工作。

三、做到熟知各项规章制度，并能自觉遵守执行，坚持岗位，严禁吸烟和做与值班无关的工作，做好运行记录，清楚填写，并妥善保存。

四、严格执行"两票三制"和有关规章制度，杜绝违章操作，两票合格率100%，正确使用安全工器具，消防器材。

五、认真组织学习业务专业知识，不断提高操作技能和运行水平，全面提高自身素质，积极参加上级部门和电厂（电站）组织的各项活动，同时保持设备、卫生包干区清洁。

六、本安全生产责任书一式二份，一份留厂存档，一份由签订人保存。本安全生产责任书有效期为××××年××月××日至××××年××月××日。

×××水力发电厂（电站）

班组电气班：　　　　　　　　　　　　负责人：

××××年××月××日　　　　　　　××××年××月××日

5. 安全生产责任书（运行班与组员）
格式如下。

×××水力发电厂（水电站）安全生产责任书
（运行班与组员）

为深入贯彻实施《安全生产法》和《电力法》，进一步强化电厂（电站）安全生产管理，切实防止和避免各类事故的发生，有效地确保我厂生产安全，一值与×××值班员签订本安全生产责任书。

一、发电运行人员必须接受技术培训，熟知安全操作运行规程，并取得省水利厅机电运行工合格证，持证上岗。

二、坚决服从值长命令和工作安排，完成各项工作任务，坚持岗位。

三、严格执行"两票三制"和有关规章制度，杜绝违章作业，两票合格率100％，正确使用安全工器具，消防器材。

四、机电设备能正常、可靠、无故障运行，冷却、控制、操作、保护系统要达到规定技术要求，及时发现故障、事故隐患、及时处理、及时汇报，设备要定期保养、检修，做好设备主人管理工作。

五、认真学习业务专业知识，不断提高操作技能和运行水平，全面提高自身素质，积极参加上级部门和厂部组织各项活动，同时保持设备、卫生包干区清洁。

六、本安全生产责任书有效期为××××年××月××日至××××年××月××日。

×××水力发电厂（水电站）

值长：　　　　　　　　　　　　　　值班员：
××××年××月××日　　　　　　××××年××月××日

6. 安全生产会议记录

格式如下。

×××发电厂（水电站）安全生产会议记录

时间：××××年××月××日××时

地点：×××……

出席人：××× ××× ××× ××× ×××……

缺席人：××× ××× ××× ……

主持人：×××

记录人：×××

（发言记录）

主持人：……

×××（与会者）：……

×××（与会者）：……

……

主持人：×××（签名）
记录人：×××（签名）
（本会议记录共×页）

3 制度化管理

农村水电站开展制度化管理，是要获取适用的国家法律法规、标准规范，并建立电站的规章制度和操作规程。

3.1 督查要点

对农村水电站安全生产制度化管理方面的督查要点如下：

（1）是否获得适用的法律法规和标准规范，查安全生产法律法规及标准规范清单。是否建立了安全生产法律法规和标准规范的识别与获取管理制度、规章制度和规程建设的管理制度，制度是否以正式文件颁发。

（2）各项规章制度、规程、系统图册等是否编制，是否齐全，检查电站规章制度和规程清单；进一步督查管理制度和工作制度是否适用。

（3）是否按照要求并结合实际制作、悬挂相应图表。

（4）规章制度是否发放到位，检查规章制度收发记录，检查各部门（车间）的制度规程等文件清单。

（5）是否有制度的教育培训与考核；检查员工学习培训记录。

（6）是否组织对制度进行自查评估，是否有相关内容记录（会议记录）；是否有制度的修订工作，如有检查修订工作方案、修订工作记录；经修订施行的制度是否经审批、正式文件颁发。

（7）到有关部门、车间和岗位、班组检查制度执行情况，"两票"（工作票、操作票）是否严格执行，合格率、执行率是否均达到100%；"三制"（交接班制、设备巡回检查制、设备定期试验及轮换制）是否严格执行；查各日志、记录。

3.2 常备法律法规和标准规范

农村水电站常备的安全生产和职业卫生法律法规、标准规范主要如下（其中打"﹡"的为必备)：

(1) ﹡《农村水电站运行管理技术规程》(DB 33/T 809—2010)。

(2) ﹡《农村水电站技术管理规程》(SL 529—2011)。

(3) ﹡《水电站大坝运行安全管理规定》(国家电力监管委员会令第 3 号)(有坝高 15m 以上大坝或库容 10 万 m^3 以上水库时适用)。

(4) ﹡《电力设备预防性试验规程》(DL/T 596—1996)。

(5) ﹡《电力安全工作规程(发电厂和变电所电气部分)》(GB 26860—2011)。

(6) ﹡《水轮机运行规程》(DL/T 710—1999)。

(7) ﹡《水轮发电机运行规程》(DL/T 751—2014)。

(8)《中华人民共和国水法》。

(9)《中华人民共和国防洪法》。

(10)《中华人民共和国安全生产法》。

(11)《电力设施保护条例》(国务院令第 239 号)。

(12)《水轮发电机组安装技术规范》(GB/T 8564—2003)。

(13)《继电保护和安全自动装置技术规程》(GB/T 14285—2006)。

(14)《水轮发电机组启动试验规程》(DL/T 507—2014)。

(15)《电力变压器运行规程》(DL/T 572—2010)。

(16)《电力变压器检修导则》(DL/T 573—2010)。

(17)《电力系统用蓄电池直流电源装置运行与维护技术规程》(DL/T 724—2000)。

(18)《水轮机控制系统技术条件》(GB/T 9652.1—2007)。

(19)《水轮机控制系统试验》(GB/T 9652.2—2007)。

(20)《水电厂计算机监控系统运行及维护规程》(DL/T 1009—2016)。

(21)《农村水电站优化运行导则》(SL 293—2003)。

(22)《微机继电保护运行技术管理规程》(YB/T 4122—2004)。

(23)《立式水轮发电机组检修技术规程》(DL/T 817—2014)。

上述安全生产法律法规及标准规范获得后，要建立清单，以便于查阅；建立发放或领用档案，法律法规和标准规范应保存在班组、个人及档案室，专柜存放，并建立相关的目录；主管部门及时(如每年)查新，及时获取新版本。

标准化建设要求农村水电站应制定"安全生产法律法规和标准规范识别与获取管理制度"，并以正式文件颁发。制度主要内容电站适用的安全生产法律法规、标准规范的管理职责、识别方法、获取渠道及要求各部门开展的工作要求等。

3.3 电站制度和规程

电站应结合国家安全生产和职业卫生法律法规、标准规范的相关要求，制定本单位的规章制度、操作规程，并以正式文件颁发。

按照《农村水电站技术管理规程》（SL 529—2011）等要求，电站应制定的制度规范清单详见表 3-1～表 3-4。

表 3-1　　农村水电站水工金属结构相关制度（及部分资料）清单

制度（及部分资料）		配套记录	
名　称	存放、装订要求	名　称	存放、装订要求
大坝注册登记资料	装订成册		
大坝安全鉴定/认定资料	装订成册		
水库大坝安全管理条例	装订成册		
水库安全运行管理规程	装订成册		
水工建筑物管理制度、压力钢管巡查制度	装订成册	设施设备巡查、养护、维修记录表格（包括闸门及启闭机、泄水设施、输水隧洞、引水明渠、压力前池、压力钢管等）	装订成册
大坝运行规程	装订成册	大坝检查记录；大坝仪器监测记录（按仪器记录要求编制）	装订成册
闸门及其启闭机运行规程	装订成册	钢闸门外观形态检查记录	装订成册
启闭机操作规程	操作现场上墙	启闭机检查记录；闸门启闭操作记录	装订成册
		柴油发电机定期试验记录	装订成册

注　资料保存在班组内或设施现场。

表 3-2　　农村水电站运行检修相关制度清单

制　度		配套记录	
名　称	存放、装订要求	名　称	存放、装订要求
设备维护、清洁卫生制度	装订成册或活页夹放		
使用术语规定			
工作票制度 工作许可制度	中控室上墙	工作票	活页夹放
操作票制度	中控室上墙	操作票	装订成册

续表

制 度		配 套 记 录	
电站各岗位责任制			
运行值班制度 运行交接班制度 运行设备巡查制度	中控室上墙	运行值班记录	装订成册
设备主人管理制度			
设备定期检修、试验和轮换制度		设备定期检修、试验和轮换记录	装订成册
设备缺陷管理制度		设备缺陷发现及处理记录	装订成册
		反事故演习记录	装订成册
电站各岗位责任制	活页夹放		
设备定期检修、试验和轮换制度	活页夹放	设备定期检修、试验和轮换记录； 设备维修保养台账	装订成册

表 3-3　　农村水电站设备管理相关制度清单

制　度		配　套　记　录	
名　称	存放、装订要求	名　称	存放、装订要求
设备评级制度	活页夹放	设备设施评级记录	装订成册
事故隐患排查治理制度	活页夹放	事故隐患排查表； 事故报告及调查记录	装订成册
重大危险源安全管理制度		重大危险源监控记录表	装订成册
备品备件、安全工器具、工具、材料管理制度	活页夹放	备品备件、安全工器具、工具、材料登记和试验记录	装订成册
应急设备管理制度		应急设备定期检查试验记录	装订成册

表 3-4　　农村水电站安全综合管理相关制度清单

制　度		配　套　记　录	
名　称	存放、装订要求	名　称	存放、装订要求
电厂安全管理制度	活页夹放	应急救援联系人员及电话表	悬挂上墙或放置在显眼处
外来人员参观学习制度	活页夹放	外来人员登记记录	装订成册
消防安全管理制度； 消防设施定期检查与维护制度	活页夹放	消防设备登记及检查记录	装订成册和设备上悬挂

编写的规程应有正式编号或以正式文件颁发，电气主接线、设备巡视路线等系统图纸、图册应有设计、审核、批准等人员签名并注明日期。

3.4 上墙制度

制度除了以文件形式发布之外，还应张贴或悬挂在现场。中控室上墙制度主要包括：《工作票制度》《操作票制度》《交接班制度》《巡回检查制度》《运行值班制度》。

根据《农村水电站技术管理规程》（SL 529—2011）相关要求，各电站应悬挂下列图表：①电气主接线模拟板（宜悬挂中控室）；②安全运行揭示板（宜悬挂中控室）；③调速系统及油、水、气系统图（宜悬挂在中控室或主厂房）；④设备巡视路线图（宜悬挂在中控室或主厂房）；⑤水轮机运行特性曲线图（可不悬挂，但应作为备查图表）；⑥电气防误闭锁装置模拟图（可不悬挂，但应作为备查图表）。考虑很多电站已实现监盘、操作自动化，有些图表可以不上墙，但要求可以备查。

此外，还应有下列图表：

（1）主要设备参数表。若电站已将各类运行制度汇编成册，如《运行手册》《运行规程汇编》等，则主要设备参数内容应占据其中一个章节，存放在中控室文件柜内，同时存放档案室。

（2）有权签发工作票人员、工作负责人和工作许可人名单。名单可压放在中控室玻璃台板下方，或与工作票一起存放在中控室文件柜内。

（3）接地选择顺位表（存放中控室文件柜）。

（4）继电保护及自动装置定值表（存放中控室文件柜）。

（5）紧急停机操作顺序表（存放中控室文件柜）。

（6）紧急情况电话表。电话表可压放在中控室玻璃台板下方，或悬挂在中控室显眼处，或存放在中控室文件柜内易取得的地方。

3.5 制度建设管理

制度建设一般有八个步骤：梳理、策划、建立、审查、发布、执行、修改和完善。

标准化建设要求企业建立《制度建设管理办法》，明确制度建设的目的、职责和分工、制度文体和编号规则、编制流程、审查程序、修订流程、废止流程、存档管理、学习培训、执行评审等内容。农村水电站可参照制定电站制度建管理办法，在办法中明确以下几点：

（1）制定者。制定制度的主管部门、责任部门以及责任人等。

（2）制定流程。一般由责任部门或责任人制定初稿，然后征求相关人员意见和建议，再作相关修改，讨论定稿等。

（3）发布方式。一般由安全生产领导小组审定后，以文件形式发布，并符合标准统一的发文式样。

（4）制度宣教。制定的制度应及时发放到相关岗位并存档，建立登记领用档案，确保从业人员及时获取制度文本；要求相关部门组织学习，做好学习记录；要求从业人员严格落实制度要求。

（5）制度评审。定期组织对制度适用性的评审，评审前注意收集制度执行过程中存在的问题，征求制度执行者的意见和建议。

（6）制度修订和报废。及时跟踪国家法律法规及规章制度是否有新的版本颁发，及时获取新版本；电站制定的制度，对评审后不适宜的条款应及时组织相关的修订；对不适宜的制度要及时审定报废等工作。

标准化建设要求农村水电站应制定文件和档案管理制度，以正式文件颁发。在管理制度中明确文件的编制、审批、标识、收发、评审、修订、使用、保管等要求。

各项制度应发放并签署书面发放记录。所有制度及年度记录应在档案室存档。制度发放和保存注意点有如下方面：

（1）各制度汇编分别装订成册。

（2）页数较少的各项文件以及经常增减的记录，如工作票、设备缺陷发现及处理记录等，可以采用活页分类夹放。

（3）多页顺排记录，如运行值班记事本、操作票、大坝巡查记录、外来人员登记本等，可以分类装订成册。

（4）制度和记录应装订成册并归档到档案室。

各制度、记录等资料应做到完整、方便查阅；还可以建立安全生产和职业卫生规章制度和规范数字化的文本，构成电子化的制度资料库。

一般要求电站每年至少评估一次安全生产和职业卫生法律法规、标准规范、规章制度，以及操作规程的适用性、有效性和执行情况。

对某项制度进行评估是对该制度的适用性进行确认，包括对制度的有效性和执行情况进行了解，看做到了多少，并了解达不到要求的原因；对制度的完整性进行考察，看是否有遗漏的地方。

电站、各部门对安全生产法律法规、标准规范、规章制度等执行情况作年度自查，并做自查记录；电站对安全生产法律法规、标准规范、规章制度等进行评估，评估会议有记录（纪要）和自查评估报告。

电站的制度修订通常发生在以下情况时：①根据评估结果、安全检查情况、自评结果、评审情况、事故情况等，需要及时修订安全生产和职业卫生规章制度、操作规程；②在新技术、新材料、新工艺、新设备设施投入使用前，组织制定或修订相应的安全生产和职业卫生操作规程，确保其适宜性和有效性。

制度的修订完善是制度建设的重要内容。对需要修订的制度，电站应在年度工作计划列入修订工作，并记录修订工作情况。经修订施行的安全生产规章制度经过审批，以正式文件颁发，并注明标识建立发放记录。

3.6 制度文档示例

1. 制度文件参考式样

《关于印发安全生产规章制度、规程、预案的通知》格式如下。

关于印发安全生产规章制度、规程、预案的通知

各部门：

为进一步做好安全生产工作，提高设备、运行人员的水平，结合电站实际情况，特制定电站安全生产规章制度、规程。

××××水电站
××××年××月××日

附件：1. 工作票制度；

2. 操作票制度；

3. 运行值班制度；

4. 运行交接班制度；

5. 运行设备巡查制度。

2. 制度发放记录表参考格式（表3-5）

表3-5　　　　　　　文 件 发 放 记 录 表

序号	文件名称	份数	发放时间	接收部门	接收人签字	备注

3. 法律法规、标准规范执行情况及适用性评估表

参考格式见表3-6和表3-7。

表3-6　　　　　　　法律法规、标准规范执行情况评估表

序号	法律法规和标准规范名称	有关要求条款	目前对该项条款的遵守情况	评估结论

评估人/日期：　　　　　　　　审核人/日期：　　　　　　　　批准人/日期：

表3-7　　　　　　　规章制度、规程适用性评估表

序号	规章制度、规程名称	有关要求条款	适用性	有无修订需求

评估人/日期：　　　　　　　　审核人/日期：　　　　　　　　批准人/日期：

4. 有关制度汇编示例（图3-1）

图3-1　制度汇编

时时注意安全　处处预防事故

4 教育培训

教育培训是电站对职工进行知识更新、补充、拓展和能力提高的一种教育，是职工特别是技术人员终身学习的需要。

4.1 督查要点

对农村水电站安全生产教育与培训方面的督查要点如下：

（1）是否制定有安全教育培训制度，制度是否以正式文件颁发；制度中是否明确了安全教育培训的对象与内容、计划、检查考核与奖罚等要求。

（2）是否制订有年度培训计划，计划中是否明确具体的人员、内容和要求。是否有在岗作业人员的培训计划，电站的"四新"情况、新转岗人员、特种作业人员等是否全部列入计划。培训内容是否与工作实际相符，是否有学习法律法规与安全生产管理制度等内容。

（3）是否有安全教育培训记录；记录是否齐全，包括实施方案、参加人员及签到记录、培训效果分析等。

（4）是否持证上岗，检查证书清单，各证书是否在有效期内；特别是检查特种作业人员档案，培训考核记录、证书是否齐全，进一步检查教育培训实效。

（5）是否对外来参观、学习等人员进行安全教育，查看记录，告知内容是否有相关安全规定、可能接触到的危险及应急知识等，是否由专人带领。

4.2 对象及要求

按安全生产管理要求，农村水电站应接受教育培训的对象及要求见表4-1。

表 4-1 农村水电站教育培训人员及要求一览表

序号	人员	要求	备注
1	安全生产主要负责人	应具备与本企业所从事的生产经营活动相适应的安全生产和职业卫生知识与能力	参加外部培训，保存培训记录
2	安全生产管理员	应具备与本企业所从事的生产经营活动相适应的安全生产和职业卫生知识与能力	参加外部培训，保存培训记录
3	从业人员	具备满足岗位要求的安全生产和职业卫生知识，熟悉有关的安全生产和职业卫生法律法规、规章制度、操作规程，掌握本岗位的安全操作技能和职业危害防护技能、安全风险辨识和管控方法，了解事故现场应急处置措施	企业内部每年对在岗从业人员进行安全生产教育培训和考核，不少于1次；有机会部分员工参加外部培训，保存培训记录
4	新入厂从业人员	上岗前的厂、车间、班组三级安全培训教育	保存培训计划及培训过程和考核结果记录
5	使用新工艺、新技术、新材料、新设备设施的从业人员	新工艺、新技术、新材料、新设备设施投入使用前，进行专门的安全生产和职业卫生教育培训，确保其具备相应的安全操作、事故预防和应急处置能力	保存培训计划及培训过程和考核结果记录
6	内部调整新上岗或离岗一年以上重新上岗的从业人员	上岗前的厂、车间、班组三级安全培训教育	保存培训计划及培训过程和考核结果记录
7	从事特种作业、特种设备作业的从业人员	专门安全作业培训，考核合格，取得相应资格后，方可上岗作业，并定期接受复审	参加外部培训，保存培训记录
8	进入电站从事服务和作业活动的承包商、供应商	入厂前的安全教育培训	保存培训计划及培训过程和结果记录
9	中职、高校实习生	入厂前的安全教育培训	保存培训计划及培训过程和结果记录
10	进入电站作业现场的检查、参观、学习等外来人员	入厂前有关安全规定、可能接触到的危害因素、所从事作业的安全要求、作业安全风险分析及安全控制措施、职业病危害防护措施、应急知识等安全教育培训	保存该事件记录

4.3 主要管理内容

1. 制度建设

农村水电站应建立安全生产教育培训管理制度,以正式文件颁发。制度基本内容是要明确以下主要要求:教育培训主管部门、教育培训对象与内容、教育培训计划、检查考核与奖罚等。

2. 年度计划

电站应按照培训制度和培训需求,制订年度教育培训计划(文件化),以保证培训目标和任务的落实和完成。

教育培训计划中应包含有特种作业人员、新进单位人员等的安全教育培训内容和要求。电站可以根据已有的安全负责人、安全生产管理人员、职工持证上岗以及在岗作业人员的培训情况,以及是否有"四新"(新工艺、新技术、新材料、新装备)投入、新员工、重新上岗人员等,根据要求设置培训计划。

3. 实施及记录

电站内部组织的安全教育培训应该制定相关的实施方案,记录包括教育培训实施方案、参加人员及签到等,若有考核,则还包括考核试卷及汇总成绩单等;若条件允许,再保留影像资料。

单位主要负责人、安全生产负责人、安全生产管理人员等参加外部培训,记录包括培训通知、培训证书等。

特种作业人员应建立专门的安全教育培训档案,参加国家有关规定的专门安全培训,并取得特种作业操作资格证书。记录包括培训考核记录、特种作业人员操作证。

对外来参观、学习等人员进行安全教育,保留安全教育的记录,包括时间、人员、教育内容。教育内容应包含相关安全规定、可能接触到的危险及应急知识等。外来参观、学习等人员需要由专人带领,同时记录带领人姓名等。

电站要在年终对年度培训情况做总结,总结中重点分析各种教育培训的效果,存在的问题并提出下年度的教育培训建议。

4. 参考格式示例

(1) 农村水电站安全生产教育培训管理制度。详见附录 N。

(2) 安全教育培训计划,格式如下。

农村水电站年度安全教育培训计划

安全教育培训是安全生产管理工作的重要组成部分,为做好本年度的安全教育培训工作,保证电站安全生产顺利进行,特制订年度安全教育培训计划。

一、主要培训内容及安排

时间	主题	目的内容	方式	对象
	安全负责人	参加外部培训	上课	安全负责人
	安全生产管理人员	参加外部培训	上课	安全管理员
	"四新"培训	掌握新工艺、新技术、新材料、新装备	上课考试	相关人员
	新员工培训	三级安全教育	上课考试	新员
	特种人员培训	参加外部培训、获取上岗证书	上课考试	特种人员
	在岗人员培训	相关制度、运行规程、安规	上课考试	在岗人员
	应急疏散演习 消防培训	对消防知识、技能教育培训	实操	在岗人员
	"安全生产月"活动	全厂安全培训、《安规》教育	学习考核	全体职工;在岗人员
	安全知识竞赛	安全生产相关知识	竞赛	全体职工

二、要求

1. 提前一个月制定具体的教育培训实施方案。

2. 参加电站外部的教育培训,主管部门应及时通知培训涉及的相关人员提前做好准备。

3. 教育培训结束后,要及时做好培训记录,资料归档;《电业安全工作程规程》考核不合格者要进行补考;对教育培训效果应进行全面的总结。

4. 不能按计划举行的安全教育培训活动,要及时向安全生产领导小组报告。

5. 年底总结年度安全生产教育培训活动,写好总结报告。

×××水电站

××××年××月××日

(3) 电站安全生产教育培训登记表,见表 4-2。

表 4-2　　　　电站安全生产教育培训登记表（参考格式）

内容主题					
起止时间			地点		
主办部门			培训方式		
参加人员（共　　人）					
姓名	职务	所在部门	考核方式及成绩	有无培训证书	费用
培训内容摘要： （附件：培训通知、培训计划等）					
主管部门评估意见： 　　　　　　　　　　　　　　　　　　　　　　　负责人： 　　　　　　　　　　　　　　　　　　　　　　　日　期：					

5 现场管理

农村水电站现场管理是安全生产管理的重要内容,要对生产现场各生产要素,包括人、机、料、环、信(信息)等进行合理有效的管理,以达到安全、文明生产的目的。现场情况能反映一个电站的管理水平。

5.1 督查要点

对农村水电站安全生产现场管理方面的督查内容很多,要点包括以下几方面:

(1)水工建筑物。库区、大坝、设备等标识是否齐全,安全警示标识是否规范、齐全,坝区是否整洁、无影响安全的裂缝和渗漏;观测设施是否齐全,满足要求;道路路面是否通畅,限荷、限高、限速标示牌是否齐全;溢洪道流道是否通畅,结构是否完整。

(2)金属结构。启闭机房等建筑物、闸门、启闭机等是否标识齐全;闸门是否结构完整、启闭平稳,外观刷漆完整;进水口拦污栅是否清污,无变形及严重锈蚀;启闭机房是否整洁,制度上墙,消防器材齐全;启闭机是否正常,备用电源运行状态是否良好;坝区变压器是否运行良好;压力钢管是否完好,镇墩、支墩是否完整稳固。

(3)厂区安全管理。主厂房外观是否整齐,有电站名称标识;主厂房是否警告标识齐全;厂房内是否区域分明,设备和工具归置有序;巡查路线、巡视点标识、"安全出口"、各类提示标识等是否齐全;规章制度、"逃生线路图"等是否上墙;是否有安全生产提醒标语;是否有安全生产宣传。

(4)设备管理。各设备是否完好整洁,各标识、铭牌完整清晰,有设备主人;各设备部件是否功能正常,转动部位是否防护可靠,刷漆完整,无积水油渍,无跑、冒、滴、漏等现象;管道方向标识是否清楚;防鼠板、绝缘胶垫等防护是否完整;避雷设施是否满足要求,接地体是否完好无生锈。

(5) 内外各禁止、警告标识是否齐全。

(6) 各管沟、盖板是否完整无缺，沟内是否无杂物；坑、井等处楼梯口是否装设门、栏杆或护链等。

(7) 消防设施是否齐全，是否定期检查；油处理室是否布置整洁，设置防爆门、消防警告标识、灭火设施；安全通道是否畅通。

(8) 设备运行管理。运行值班制度是否上墙，中控室内运行规程记录等资料是否摆放有序。

(9) 设备设施运行检修管理。易损件的备品、备件管理是否到位，常用安全工器具是否摆放合理，定期试验合格；工作票、操作票是否规范；是否严格执行各项安全操作规程，台账卡片、交接班记录等是否齐全、完整，按规定填写。

(10) 环境噪声是否有检测、有防护措施；室内照明是否合理；是否按规定配备穿戴劳保用品。

(11) 其他安全文明生产事项。

5.2 安全色和安全标识

安全色在电力生产工作中非常重要，农村水电站从业人员应牢记，并正确应用。安全色有助于从业人员迅速发现或分辨安全标识，及时得到提醒，尽快地对威胁安全和健康的情况作出反应，以防止事故发生。

根据《安全色》(GB 2893—2008)，我国规定有红、黄、蓝、绿4种安全色，其含义和用途见表5-1。根据《安全标志及其使用导则》(GB 2894—2008)，我国规定有禁止标识、警告标识、指令标识、提示标识4类安全标识，还有补充标识。安全标识的图形符号、安全色、几何形状和文字等具体见表5-2。

表5-1　　　　　　　安全色及其含义和用途

色别	含义	用途	示例
红色	传递禁止、停止、危险或提示消防防备、设施的信息	禁止、停止和有危险的器件设备或环境，涂以红色的标记	如禁止标识、交通禁令标识、消防设备、停止按钮和停车、刹车装置的操纵把手、仪表刻度盘上的极限位置刻度、机器转动部件的裸露部分、危险信号旗等

续表

色别	含义	用途	示例
黄色	传递注意、警告的信息	需警告人们注意的器件、设备或环境，涂以黄色标记	如警告标识、交通警告标识、道路交通路面标识、皮带轮及其防护罩的内壁、砂轮机罩的内壁、楼梯的第一级和最后一级的踏步前沿、防护栏杆及警告信号旗等
蓝色	传递必须遵守规定的指令性信息		如指令标识、交通指示标识等
绿色	传递安全的提示性信息	可以通行或安全情况，涂以绿色标记	如表示通行、机器启动按钮、安全信号旗等
黑色和白色	一般作安全色的对比色	主要用作上述各种安全色的背景色	如红色、蓝色和绿色采用白色作对比色；黄色采用黑色作对比色；黄色与黑色的条纹交替，一般用来标示警告危险；红色和白色的间隔常用来表示"禁止跨越"等

表 5-2　　　　　　　安全标识含义及其用途等

名称	含义	几何图形	颜色	标识数量	电力相关常用用途	示例
禁止标识	不准或制止人们的某些行动	带斜杠的圆环，其中圆环与斜杠相连	圆环与斜杠用红色；图形符号用黑色；背景用白色	共28个	禁放易燃物、禁止吸烟、禁止通行、禁止烟火、禁止用水灭火、禁止启机，修理时禁止转动、运转时禁止加油、禁止跨越、禁止攀登等	

续表

名称	含义	几何图形	颜色	标识数量	电力相关常用用途	示例
警告标识	警告人们可能发生的危险	正三角形	黑色符号和黄色背景	共30个	注意安全、当心触电、当心爆炸、当心火灾、当心腐蚀、当心中毒、当心机械伤人、当心伤手、当心吊物、当心扎脚、当心落物、当心坠落、当心瓦斯、当心塌方、当心坑洞、当心滑跌等	
指令标识	必须遵守	圆形	白色图形符号，蓝色背景	共15个	必须戴安全帽、必须穿防护鞋、必须系安全带、必须戴防护眼镜、必须戴防毒面具、必须戴护耳器、必须戴防护手套、必须穿防护服等	
提示标识	示意目标的方向	方形	白色图形符号及文字，绿色背景（一般提示标识）	共6个	如安全通道、安全出口、逃生梯、消防软管卷盘、当心易燃物、当心氧化物和当心爆炸物等	
			白色图形符号及文字，红色背景（消防设备提示标识）	共7个	消防警铃、火警电话、地下消火栓、地上消火栓、消防水带、灭火器、消防水泵结合器等	
补充标识	对前述四种标识的补充说明，以防误解	长方形（横写），写在标识下方	红底白字		用于禁止标识	
			白底黑字		用于警告标识	
			蓝底白字		用带指令标识	
		写在标识杆上部（竖写）	白底黑字		禁止标识、警告标识、指令标识、提示标识均为白色衬底，黑色字	

安全标识设置要求类型要与所警示的内容相吻合，设置位置要正确合理。对安全标识安装位置的要求如下。

（1）防止危害性事故的发生。所有标识安装位置都不可存在对人的危害。

（2）可视性。标识信息不仅要正确，而且对所有观察者要清晰易读。

（3）安装高度。通常标识应安装于观察者水平视线稍高一点的位置，但有些情况置于其他水平位置则是适当的。

（4）危险和警告标识。应设置在危险源前方足够远处，以保证观察者在首次看到标识及注意到此危险时有充足的时间，从而有所准备。

（5）安全标识不应设置于移动物体上，如门上。

（6）已安装好的标识不应被任意移动，除非位置的变化有益于标识的警示作用。

电站应定期维护管理安全标识，经常监督检查安全标识的设置，发现问题，及时纠正。

5.3　水工建筑物

农村水电站水工建筑物包括：①大坝等挡水建筑物；②溢洪道等泄水建筑物；③隧洞等引（输）水建筑物；④支墩与镇墩等。

农村水电站水工建筑物安全生产管理内容及要求见表 5-3。水工建筑物现场管理图例如图 5-1～图 5-12 所示。

表 5-3　　农村水电站水工建筑物安全生产管理要点

序号	管理内容及要求		资料要求
1	大坝按规定进行安全鉴定，定期进行安全复核	按安全鉴定意见及时完成整改	保存大坝安全鉴定相关资料
2	大坝按规定进行注册	及时注册	保存大坝注册相关资料
3	大坝坝面整洁、坝体结构安全可靠、无异常渗漏等	定期检查维护	定期巡查记录完整详实
4	大坝附属设施完整可靠	定期检查维护	定期巡查记录完整详实
5	大坝观测设施齐全	定期观测	定期观测记录资料完整详实
6	溢洪道、泄洪洞等泄水建筑物结构完好，无流道壅堵、结构存在开裂或破损等	定期检查和维护	定期巡查记录完整详实

续表

序号	管理内容及要求	管理内容及要求	资料要求
7	隧洞、明渠、渡槽、压力前池等引（输）水建筑物结构完好，隧洞山体无漏水，明渠渠堤无坍塌、渠内无淤积，渡槽渗漏不明显，压力前池挡墙无开裂	定期检查和维护	定期巡查记录完整详实
8	压力管道、支墩与镇墩结构完好，混凝土管道表面无露筋损伤、管道无漏水、镇墩无开裂、支墩无破损	定期检查和维护	定期巡查记录完整详实
9	相关标识管理	齐全、完整、清晰、准确	设置在现场
10	大坝管理制度建设：《水库大坝安全管理条例》《水库安全运行管理规程》《水工建筑物管理制度》《大坝运行规程》	全面完整、准确适用	由水工班组为主保管实施，档案室留档

图 5-1　水库工程介绍

图 5-2　水库安全管理公告

图 5-3　库区、大坝等显眼处的"禁止游泳""库区水深"等标识

图 5-4　大坝安全警示标识规范、齐全

图 5-5　大坝坝区整洁，无影响安全的裂缝和渗漏

图 5-6　大坝观测设施齐全，满足相关要求

图 5-7　进入库区、坝区入口道路旁有提醒标识

图 5-8　大坝道路路面通畅，悬挂限荷、限高、限速标识牌

图 5-9　泄洪闸名称标识　　　　　图 5-10　水库管理房名称标识

图 5-11　溢洪道流道通畅，结构完整，无坍塌、崩岸、淤堵

图 5-12　进水口拦污栅无变形，无严重锈蚀，清污及时

5.4　金属结构

农村水电站金属结构包括压力钢管、闸门及其启闭机等，其安全生产管理内容及要求见表 5-4。金属结构现场管理图例如图 5-13～图 5-20 所示。

表 5-4　　　　农村水电站金属结构安全生产管理要点

序号	管理内容及要求		资料要求
1	压力钢管、闸门及其启闭机等的金属结构完好，外观无严重锈蚀	按规定进行维护，泄洪闸门按规定进行启闭试验	定期巡查记录完整详实，试验记录完整详实
2	坝区变压器容量满足运行要求，支架、围栏等防护措施到位，安全距离充足	按规定进行维护	运行记录完整详实

续表

序号	管理内容及要求	资料要求	
3	备用电源容量满足运行要求，柴油发电机房有专门通烟管道，室内通风良好，布置整洁，机房、油库不混用，消防设施齐全；配电柜内电气元器件接触可靠、动作正确、无异常发热，屏柜外壳接地可靠；标识清楚，电力电缆布线整齐、防护可靠	定期巡查和试运行	运行、定期试验记录完整详实
4	各设备标识管理	齐全、完整、清晰、准确	设置在现场
5	管理制度建设管理：《闸门及其启闭机运行规程》《启闭机操作规程》《压力钢管巡查制度》	全面完整、准确适用	以文件发布，装订成册，水工班组为主保管，档案室留档

图 5-13 管理房标识清楚

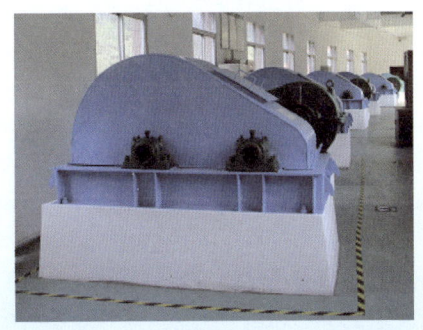

图 5-14 启闭机房整洁美观，设备有名称标识

图 5-15 闸门结构完整、外观刷漆完整

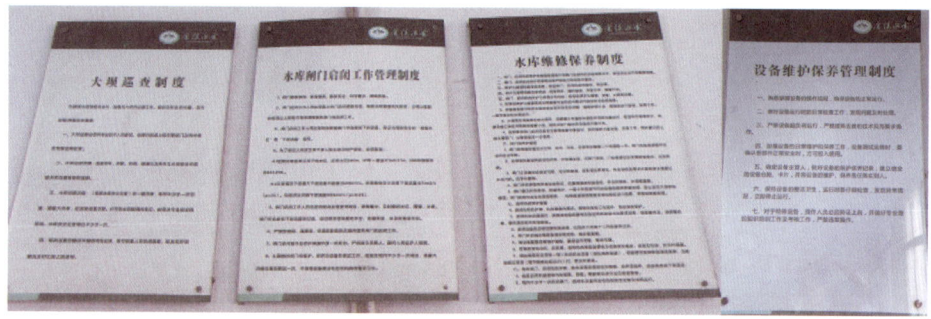

图 5-16 启闭机房制度上墙

图 5-17 启闭机房配备消防器材

图 5-18　启闭机控制屏有设备名称、编号，运行状态良好

图 5-19　控制房警示标识

图 5-20　压力钢管管道表面防护完好，密封良好，镇墩、支墩完整稳固

5.5 水力机械

农村水电站水力机械包括水轮机、主阀以及油气水系统,其安全生产管理内容及要求见表 5-5。水力机械现场管理图例如图 5-21～图 5-30 所示。

表 5-5　　　　农村水电站水力机械安全生产管理要点

序号	管理内容及要求		资料要求
1	水轮机设备外观基本完好,轴承温度正常,无漏油、甩油现象,无严重漏水现象,停机制动安全可靠,水轮机控制系统调节性能良好;定期试验结果满足运行要求	定期维护、检修;定期试验	维护、检修记录完整详实
2	主阀关闭严密,传动灵活可靠,外观良好,启闭阀门时间符合要求;外观无锈蚀、动作到位,油压装置管路无渗油、压力或油色油位正常等	定期检测主阀关闭时间	主阀关闭时间定期检测记录完整
3	油气水系统各管道设置符合要求,防腐、防护良好,无异常"跑、冒、滴、漏"现象	现场地面保持整洁	
4	各设备标识管理	齐全、完整、清晰、准确	设置在现场
5	管理制度建设管理	完整、准确、适用	以文件发布,装订成册,运行班组为主保管,档案室留档

图 5-21　水轮机、主阀外壳无变形,刷漆完好,外观整洁

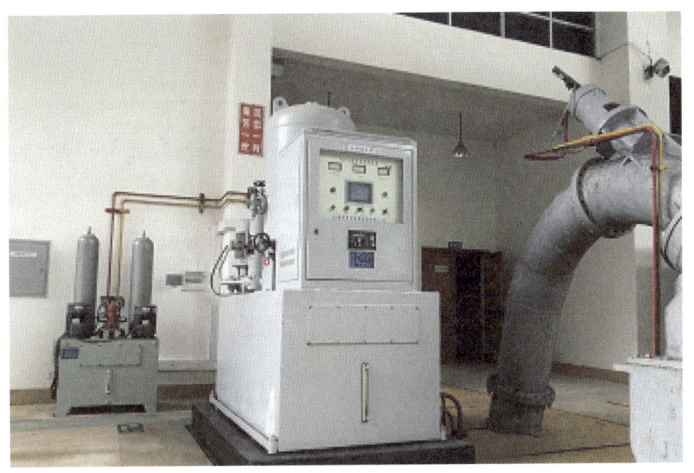

图 5-22　调速器刷漆完整，表面整洁无渗油

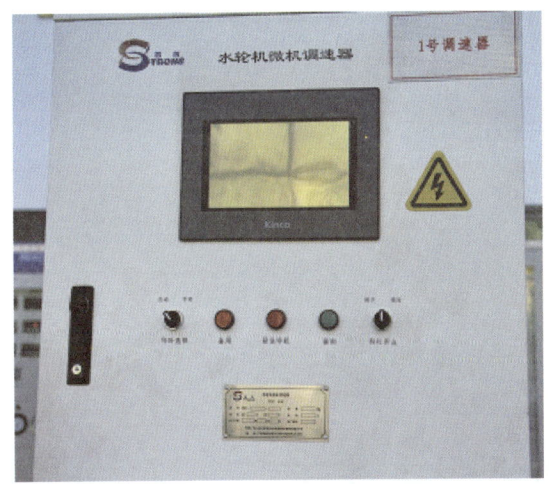

图 5-23　调速器编号、设备主人、铭牌完整清晰

图 5-24　主阀整洁，编号、设备主人、铭牌完整清晰

图 5-25 机坑无积水油渍

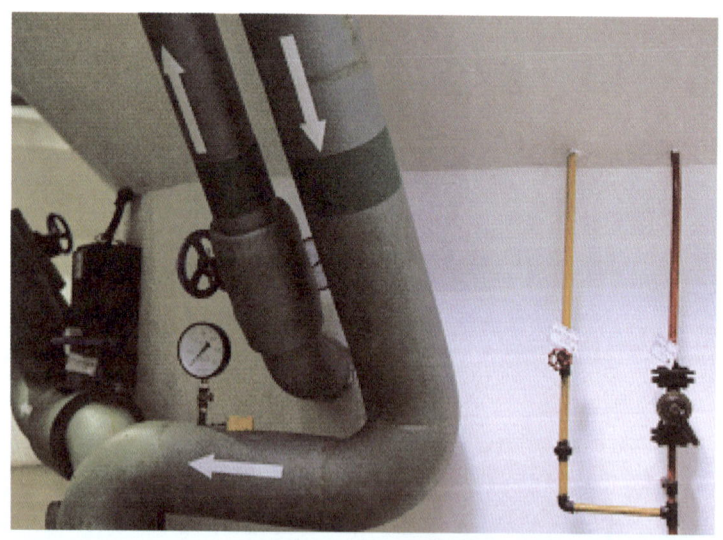

图 5-26 油气水系统管道刷漆完整,表面整洁无渗透,方向标识清楚

(a)

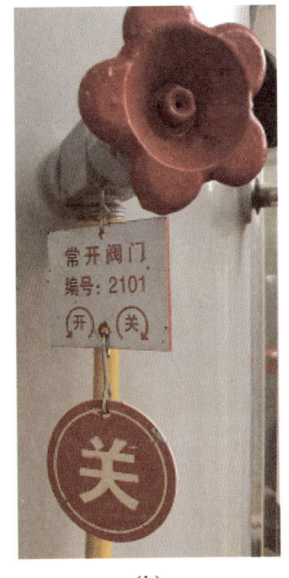

(b)

(c)

(d)

图 5-27　阀门等有设备名称、编号标识，以及"开""关"状态标识

图 5-28　油泵等名称、编号标识齐全

图 5-29　空压机房布置整洁

图 5-30　油处理室布置整洁,防爆门宽度大于 1.2m 并外开,设消防警告标识和灭火设施

5.6 电气设备

农村水电站电气设备分为电气一次系统和电气二次系统，其安全生产管理包括发电机、升压站、控制保护系统、厂用电系统以及通信系统等，具体安全生产管理内容及要求见表5-6。电气设备现场管理图例如图5-31～图5-50所示。

表5-6　　　　农村水电站电气设备安全生产管理要点

序号	管理内容及要求		资料要求
1	发电机定子和转子的温度、温升符合规程要求，励磁装置工作正常；定期试验结果满足运行要求；无缺陷	按规程规定周期进行维护、检修和试验	维护记录完整详实，检修记录完整详实，预防性试验记录完整详实
2	控制、保护装置完整可靠，具备故障报警、事故停机、线路跳闸后能可靠关停机；无缺陷	按规程规定周期进行维护、检修和试验	维护记录完整详实，检修记录完整详实，预防性试验记录完整详实
3	智能化控制系统完整可靠，具备开机、停机、监测、报警功能，具备人机交互功能；信息化系统应具备远程监视、远程控制、信息推送等功能	功能齐全	
4	变压器各部件完整无缺，外观无明显锈蚀，本体无渗油，瓷瓶无损伤，油枕的油色油位正常，吸湿剂正常，油温正常，安全距离符合规范要求，定期试验结果满足运行要求；无缺陷	按规程规定周期进行维护、检修和试验	维护记录完整详实，检修记录完整详实，预防性试验记录完整详实
5	开关和刀闸外观完整，电缆绝缘层良好，母线及构架结构完整；无缺陷	按规程规定周期进行维护、检修和试验	维护记录完整详实，检修记录完整详实，预防性试验记录完整详实
6	防雷避雷设施配置齐全完整，接地装置及接地电阻符合规程要求；防雷避雷装置及接地装置开展定期试验，无缺陷	按规程规定周期进行维护、检修和试验	维护记录完整详实，检修记录完整详实，试验记录完整详实
7	通信系统无影响电力设备运行操作或电力调度的缺陷，远程监控通道畅通；直流系统蓄电池电压、对地绝缘、放电容量满足要求	按要求对设备进行巡回检查，按规程规定周期进行维护、检修和试验	巡回检查记录、维护记录完整详实，检修试验记录完整详实
8	各设备标识管理	齐全、完整、清晰、准确	设置在现场
9	管理制度建设管理	完整、准确、适用	以文件发布，装订成册，运行班组为主保管，档案室留档

图 5-31　水轮发电机组外壳无变形，刷漆完好，表面整洁

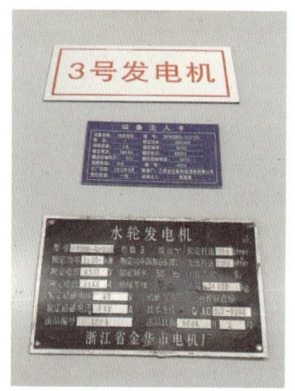

图 5-32　水轮发电机标识牌、设备主人标识、铭牌完整

图 5-33　保护与控制屏柜刷漆完整，表面整洁，
设备标识牌固定在屏柜，屏柜上控制开关、
按钮、表计、指示灯等标明名称及编号

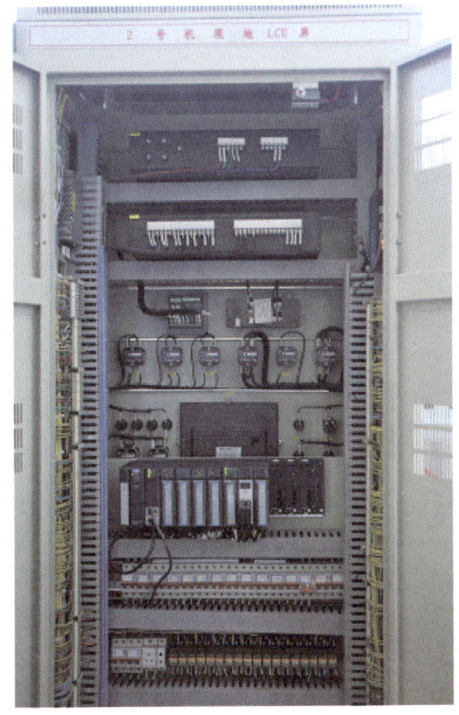

图 5-34 保护与控制屏柜电缆布线规整

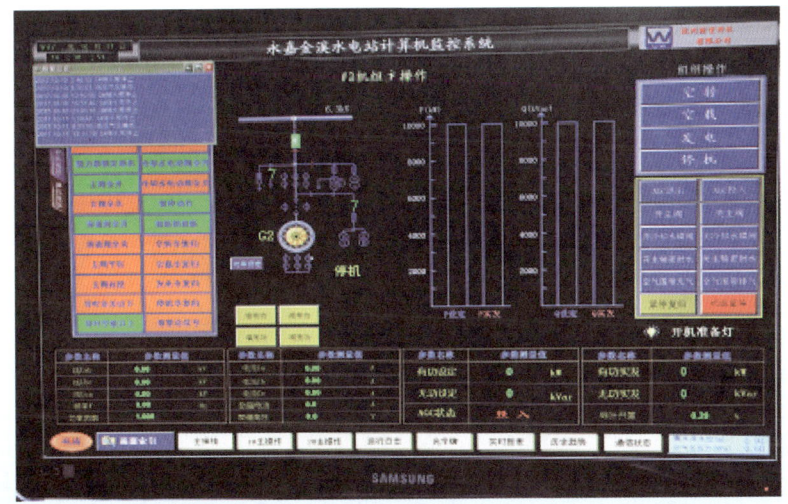

图 5-35 智能化控制系统具备开机、停机、监测、报警功能，
具备人机交互功能（信息化系统具备远程监视、远程控制、
信息推送等功能）

图 5-36　配电房门口设防鼠板、警示标识齐全

图 5-37　配电房屏柜刷漆完整，表面整洁，地面绝缘胶垫完整

图 5-38　配电房屏柜设备编号清楚

(a)

(b)

图 5-39 升压站围墙完整,粉刷良好,栏杆稳固,门边外墙有禁止、警告标识,包括"禁止吸烟""佩戴安全帽""止步 高压危险"等

图 5-40 升压站地面整洁

图 5-41　升压站警示标识

（a）

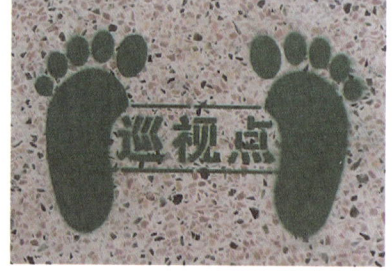

（b）

图 5-42　地面巡查路线、巡视点标识

图 5-43　升压站按要求配备灭火装置，消防
砂池有护盖，并配备消防桶和铁锹

(a)

(b)

图 5-44 变压器本体外壳无锈蚀，瓷瓶无裂纹、无放电痕迹、无渗漏，接地体完好、无锈蚀，冷却装置正常，油枕油位、油色正常，呼吸器硅胶变色未超过 2/3，标识牌固定在器身，正面朝向巡视通道

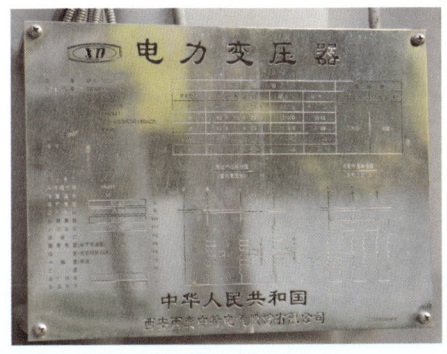

图 5-45 变压器铭牌齐全、清晰，按出厂位置固定

图 5-46 变压器本体的爬梯设"禁止攀登 高压危险"警示牌

图 5-47 升压站设备标识牌齐全

图 5-48 设备有黄色、绿色、红色相别

图 5-49 避雷设施满足要求，表面整洁

图 5-50 接地扁铁刷黄绿相间油漆，无生锈

5.7 设备设施运行检修管理

农村水电站设备、设施运行管理,设备、设施评级检修管理内容及要求见表 5-7。

表 5-7 农村水电站设备设施运行检修管理要点

序号	管理内容及要求	资料要求	
1	根据运行规程做好设备的运行工况、变位、信号等记录,日常巡视检查及时记录故障和缺陷报修台账	数据满足安全运行要求,及时记录缺陷并报修	各设备设施运行值班记录,各设备设施巡查记录;设备缺陷发现及处理记录等;完整详实
2	日常巡视检查及时记录故障和缺陷得到及时处理		各设备设施养护维修记录,设备检修和试验记录等;完整详实
3	设备、设施按标准进行评级		设备设施评级表格
4	三类设备制订整改计划,并按计划执行		相关资料完整
5	特种设备定期检测,无不能正常工作现象,无安全隐患	检测合格	检测记录详实
6	按要求编制检修计划	计划合理	检修计划装订成册
7	严格执行检修管理制度,检修过程规范、检修记录清楚	设备缺陷处理满足设备管理要求	检修、试验记录完整详实
8	易损件有库存备品备件		备品备件清单
9	按运行要求配备必要的常用工具	常用工具配备能满足运行要求	常用工具清单
10	已淘汰或存在严重安全隐患、无改造或维修价值设备及时报废,及时拆除,退出生产现场		
11	运行 25 年及以上的电站进行更新改造或报废重建		
12	检修现场作业安全管理		
13	相关规章制度建设管理		

农村水电站设备的评级标准分为一类、二类、三类。一类、二类设备统称完好设备,完好设备与全部设备的比例称设备完好率。各类设备的主要条件如下。

1. 一类设备

(1) 设施体及所有附属设备均处于良好状态,能随时投入运行,不存在影响安全运行的缺陷。

（2）能按铭牌出力长期连续运行，性能达到制造厂规定的技术要求。

（3）设备的图纸主资料和台账齐全。

（4）设备按规定周期进行维护、检修、预试或校验，所有技术数据符合标准。

（5）设备本身及周围环境清洁、照明良好，必要的标识（如相别、分合）、编号、命名齐全、正确、清晰可见。

（6）无重大反措或整改项目未执行。

2. 二类设备

（1）设备能按铭牌出力连续运行，并能随时投入运行，性能基本符合技术标准。

（2）设备按规定周期进行维护、检修、预试或校验；设备台账完整；图纸技术资料基本完整。

（3）预试中虽有个别项目不符合标准，但数值稳定且对安全运行不构成威胁。

（4）无重大反措或整改项目未执行。

3. 三类设备

（1）设备存在严重缺陷，不能按铭牌出力连续运行，而被迫降低出力运行，或必须缩短检测（预试）周期，对情况进行跟踪的。

（2）设备不按规定周期进行校验或预试，超周期时限，超过规定的最大允许范围，或主要试验数据不满足规程要求的。

（3）凡达不到二类设备标准的其他设备均应列为三类设备。

农村水电站设备设施管理图例如图 5-51～图 5-58 所示。

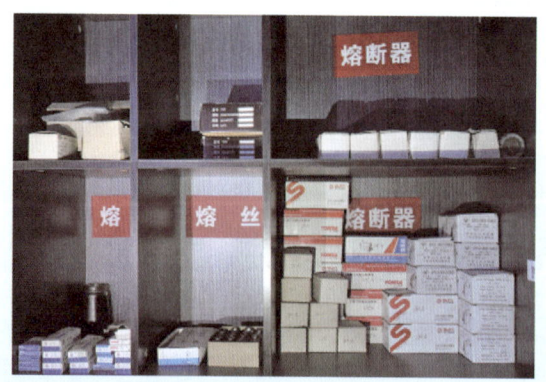

图 5-51　易损件的备品备件管理

现场管理 5

(a)

(b)

图 5-52　常用检修工具归置分类有序，标识清楚，取用方便

图 5-53　安全工器具建立目录

(a)

(b)

图 5-54　备品备件仓库归置分类有序，标识清楚，取用方便

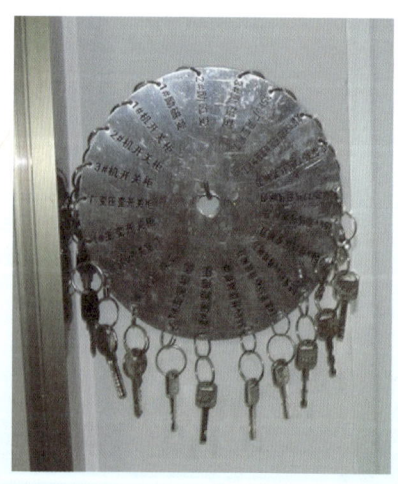

图 5-55　钥匙管理

图 5-56 运行资料管理

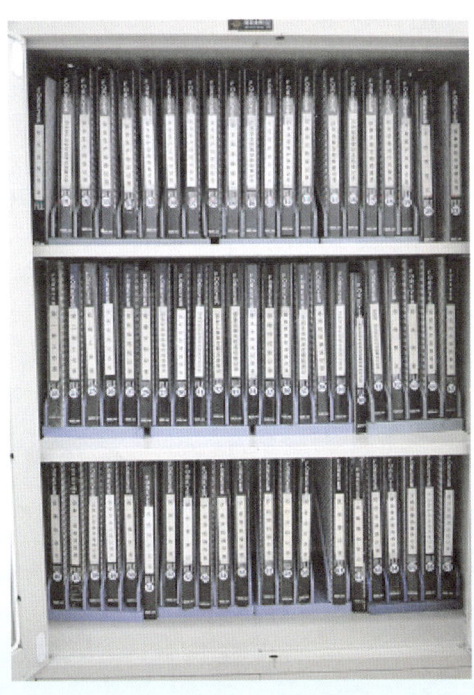

图 5-57 检修、试验资料管理

水电站设备、设施评级通用表格

序号	单元名称	投运日期	类别			设备主要缺陷	评级时间	评级人签字
			一类	二类	三类			

专责工程师检查签字：　　　　　　　　　　　　年　　月　　日

图 5-58　设备设施评级记录表格示例

5.8　厂区安全管理

农村水电站厂区安全管理包括厂内布局、房屋修缮、厂区消防、绿化、卫生、宣传等。

厂区安全管理具体内容及要求见表 5-8。图 5-59～图 5-80 所示为农村水电站厂区安全管理示例。

表 5-8　　　　农村水电站厂区安全生产管理要点

序号	管理内容及要求	
1	电站管理、办公、生产等功能区域划分有序，布置合理，室内布置整洁，设施齐全	主厂房或中控室不兼做起居室；工具间、安全工器具存放处、档案室、办公室等区域清楚，物品不混放
2	发电厂房、启闭机房及户内外升压站、配电房等应定期维护，结构完好，布置整洁	地面或墙体无开裂、渗水、剥落等，门窗无破损，室内照明充足，物品设备整齐、无杂物堆砌
3	厂区绿化、美化措施良好	无裸露空地，草坪、树木有人修剪
4	厂区道路已硬化，排水通畅，护坡挡墙完好	平整，无积水、无凹坑、无开裂
5	厂区照明灯具完好	照明充足

续表

序号	管理内容及要求	
6	厂区无家禽、家畜饲养	
7	值班人员着装整齐、规范，上班佩戴值班标识	不穿拖鞋、高跟鞋、裙子值班
8	厂区门口设有告示，外来人员进入厂区前进行登记	外来人员告知注意事项
9	厂区设标识牌	标示清晰，指示正确
10	厂区内设置宣传栏	
11	制度建设管理：《设备维护、清洁卫生制度》《消防安全管理制度》《消防设施定期检查与维护制度》《外来人员参观学习制度》《电厂安全管理制度》	制度内容全面、适用

图 5-59 有电站名称标识，主厂房外观整齐

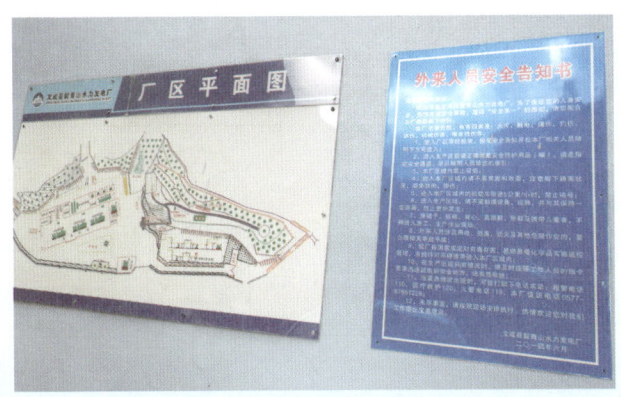

图 5-60 厂门口设外来人员告知等

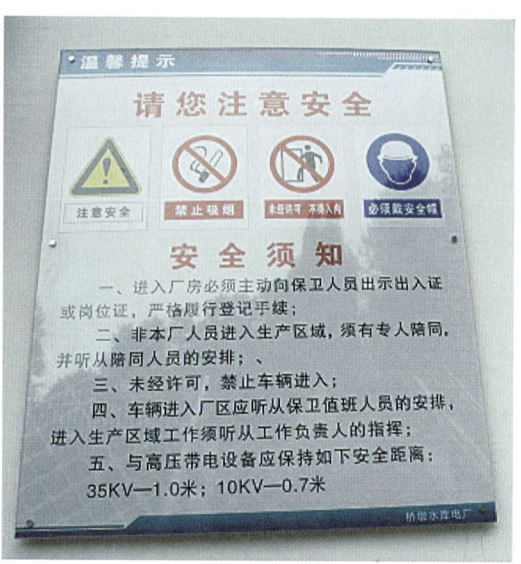

图 5-61　外来告知

图 5-62　主厂房门边外墙的"禁止吸烟""佩戴安全帽"等警告标识

(a)

(b)

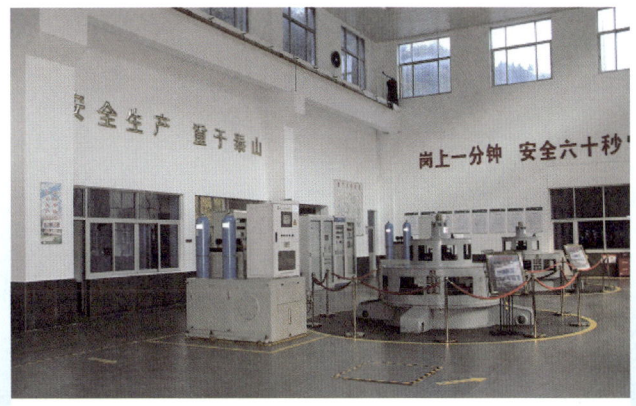

(c)

图5-63 厂房内整洁，区域分明，设备和工具归置有序

(a)

(b)

(c)

(d)

图 5-64 设安全生产提醒宣传标语

图 5-65 起重机设警示标识

图 5-66 厂房地面巡查路线、巡视点标识清晰

图 5-67 逃生路线标识清晰

图 5-68 "安全出口"标识,配有不间断电源

现场管理 **5**

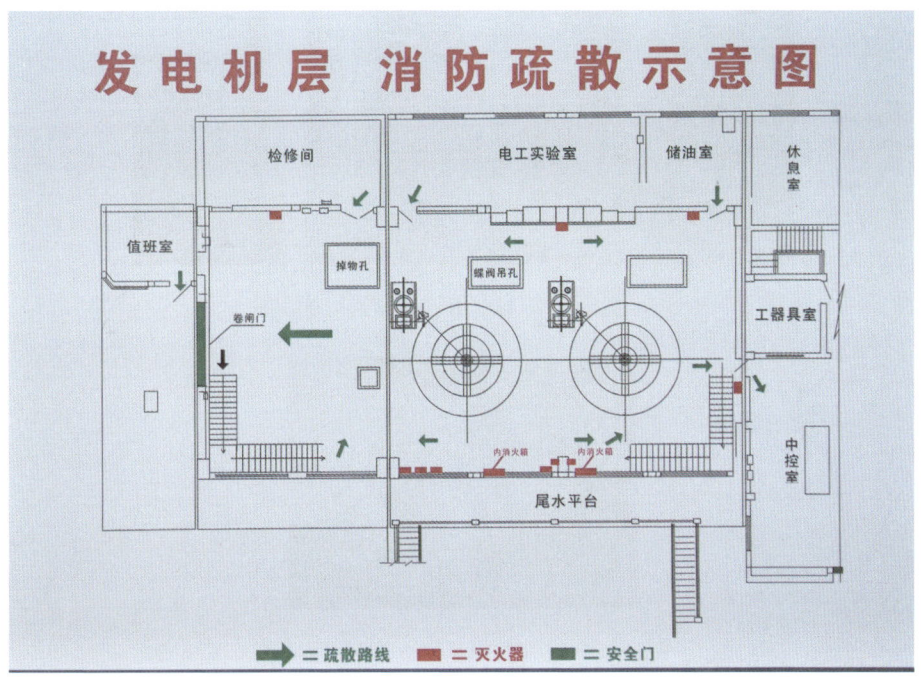

图 5-69　主厂房悬挂"逃生线路图""消防器材布置图"

图 5-70　低矮通道口等"小心碰头"标识

79

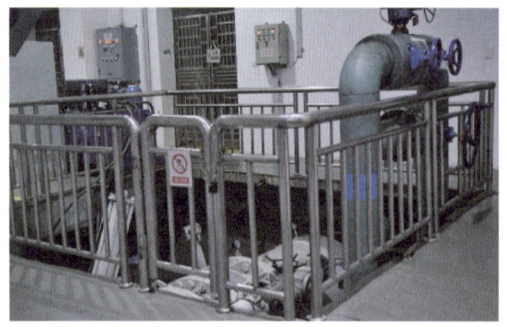

图 5-71　坑、井四周设置栏杆

图 5-72　水轮发电机转动部位等有防护

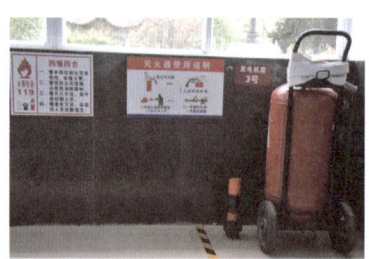

(a)

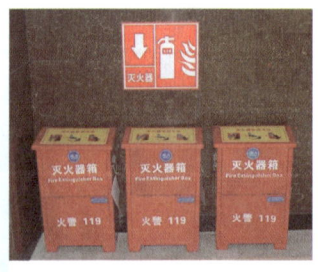

(b)　　　　　　　　　　　(c)

图 5-73　在门边或通道边显眼处放置消防器材，定期检查
（扑救带电火灾选用洁净气体、二氧化碳、干粉型灭火器，
旋转电机不宜用干粉型灭火器）

5 现场管理

图 5-74 起重机械管理制度上墙

图 5-75 中控室运行值班制度上墙，运行值班人员公示

图 5-76 中控室内运行规程、规范、制度、记录等摆放有序

图 5-77 安全文化建设——厂务宣传

(a)　　　　　　　　　　　　　　(b)

(c)

图 5-78 安全文化建设——安全理念宣传

图 5-79 安全文化建设——警示教育

图 5-80 安全文化建设——安全警示

5.9 标识管理

农村水电站标识内容见表 5-9。水电站管路颜色和流向标识要求见表 5-10。为营造安全文化氛围，电站可设置安全生产相关标语口号，体现电站安全生产管理理念。

表 5-9　　　　农村水电站安全生产标识管理一览表

序号	管理内容及要求
1	水库库区、大坝坝区、道路的安全警示标识规范、齐全，泄洪闸、发电洞、水库管理房等主要建筑物上有相应的名称标识
2	闸门、启闭机、坝区机电设备的名称、编号、主要信息、状态标识规范、齐全

续表

序号	管理内容及要求
3	厂房内外墙的安全警示标识、安全生产提醒规范齐全
4	巡查路线、安全生产逃生路线、消防设施布置等标识清晰明了
5	必要制度已上墙
6	机电设备的名称、编号、主要信息、状态标识、管路着色均应规范、齐全
7	升压站的安全警示标识、安全生产提醒规范齐全，巡查路线、消防设施布置等标识清晰明了，机电设备的名称、编号、主要信息、状态标识规范、齐全
8	厂区、办公楼的安全警示标识、消防设施布置标识规范、齐全

表 5-10 水电站管路颜色和流向标识要求

名称	压力油管	无压回油管	气管	供水管	排水管	消防管	排污管
颜色	管道红流向标黄	管道黄流向标红	管道白流向标蓝	管道蓝流向标白	管道绿流向标白	管道橙流向标蓝	管道黑流向标蓝
图示							

注　装有铝板等外包防结露保温层的冷却水管可不着色，流向标识宜采用绑扎方式固定。

5.10 作业安全

农村水电站作业安全实际上体现在管理的方方面面，前述现场管理的内容中有作业安全管理的内容和要求。下面对安全作业管理总结一览见表 5-11。

表 5-11 农村水电站作业安全管理要点一览表

序号		管理内容及要求	备　注
1	防护设施	栏杆、盖板、护板等设施齐全规范	设置在现场
2		应急照明配置符合要求	设置在现场
3		紧急逃生通道畅通	设置在现场
4		机器转动部分防护齐全、完整	设置在现场
5		电气设备金属外壳接地装置齐全、完好	设置在现场
6		按消防规定配置消防器具	设置在现场
7	防护用品用具	厂房配置救生绳索、防毒面具、护目眼镜、绝缘靴、绝缘手套、安全帽等防护用品，数量合理，定期试验合格	设置在现场柜子
8		配置接地线、验电器、标示牌、防误锁、安全遮栏、绝缘杆等安全技术用具，数量合理，定期试验合格	设置在现场柜子有试验合格证明

续表

序号		管 理 内 容 及 要 求	备 注
9	运行试验管理规范	严格执行"两票三制",核对操作票、工作票的内容和设备名称,加强操作监护并逐项进行操作	操作票、工作票合格
10		交接班人员按要求做好交接班准备工作,填写各项记录,办理交接班手续	交接班记录完整详实
11		认真监视设备运行工况,按规定时间、内容及线路对设备进行巡回检查,随时掌握设备运行情况,合理调整设备状态参数,及时处理设备异常情况	巡回检查记录完整详实
12		按规定时间和方法做好设备定期轮换和试验工作,做好相关记录	设备定期轮换和试验工作执行到位,记录完整详实
13	遵章守纪	严格执行调度命令,落实调度指令	
14		严格执行运行规程	
15		严格执行高处作业规程	
16		严格执行起重作业和电焊作业等特种作业规程	
17		无违章作业情况	违章作业记录

图 5-81~图 5-83 为试验报告和"两票"管理示例。

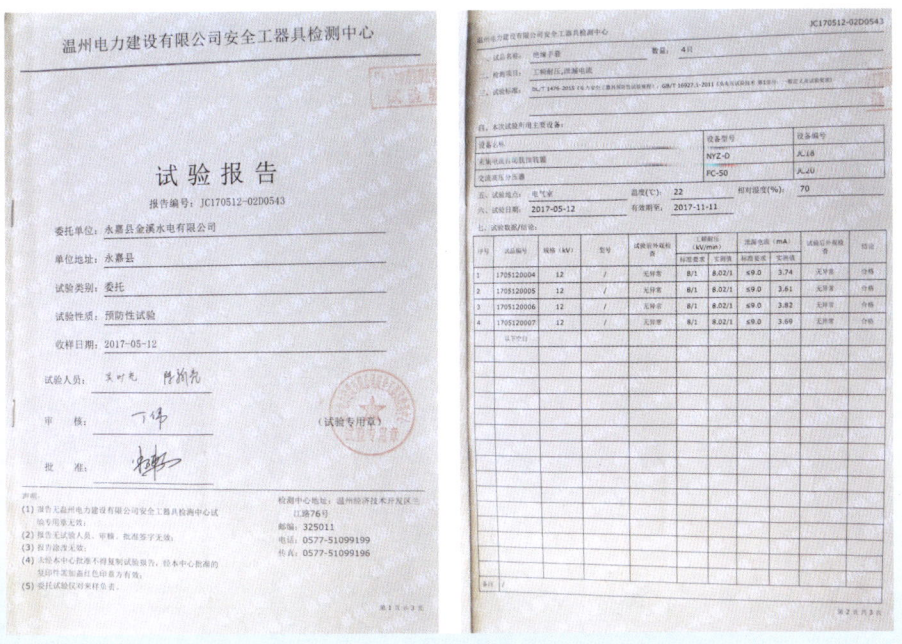

图 5-81 安全工器有定期试验报告,测试合格

图 5-82 工作票和操作票示例

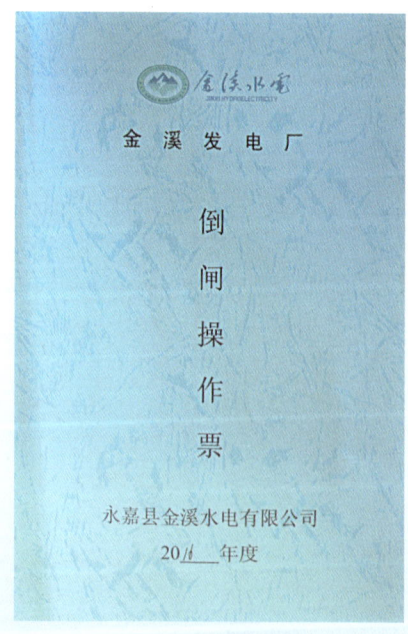

图 5-83 工作票、操作票装订成册

5.11 职业健康管理

对于最常见的职业病,如尘肺、职业中毒、职业性皮肤病等,农村水电站一般情况下不存在。农村水电站可能影响职业健康的因素主要是噪声。

研究表明,30 分贝以下属于非常安静的环境;40 分贝是正常的环境;50~60 分贝则属于较吵的环境;当周围噪声达 65 分贝则对话有困难;在 80 分贝时,则听不清楚。噪声对人体存在多方面的危害。

(1) 损伤听觉。人短期处于噪声环境时,可以引起听觉疲劳;长期在噪声作用下,可能引起永久性耳聋。统计表明,长期工作在 90 分贝以上的噪声环境中,耳聋发病率明显增加。

(2) 引起多种疾病。长时间接触高分贝噪声除了损伤听力以外,还会引起其他人身损害。噪声可以引发消化不良、食欲不振、恶心、呕吐、头痛,引起心绪不宁、心情紧张、心跳加快和血压增高等。

控制噪声传播措施主要是隔声和消声。在噪声环境中,可采取防护措施,如戴零听耳塞、耳罩或头盔等。

农村水电站职业健康管理主要内容和要求见表 5-12,图 5-84~图 5-86 为水电站职业健康管理示例。

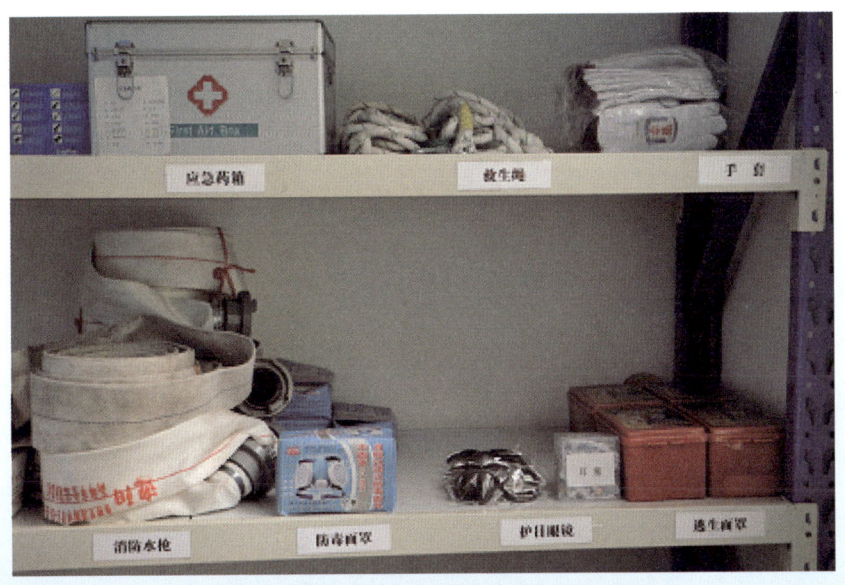

图 5-84 职工职业健康保护设施(工具和用品)

表 5-12　　　　　农村水电站职业健康管理要点

序号	管理内容及要求		资料要求
1	排查职业健康危害因素		排查记录表
2	环境噪声检测	每月检测一次	检测记录
3	配备相适应的职业健康保护设施、工具和用品	防护用品配备充足	
4	定期安排职工健康体检	每年体检	建立职工健康档案

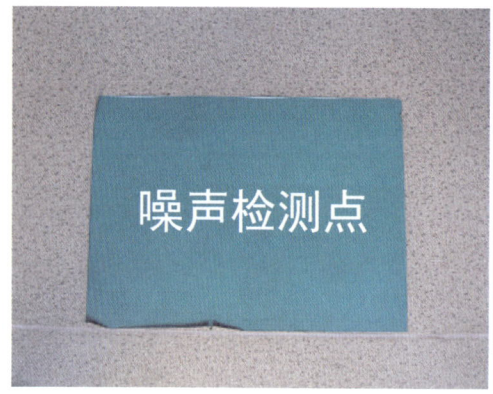
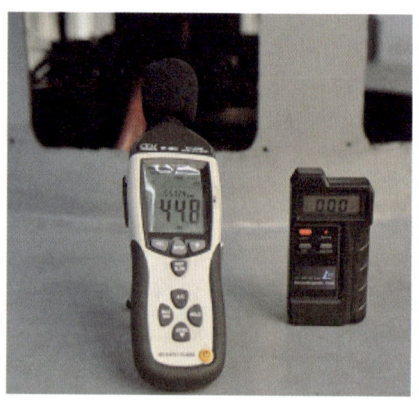

图 5-85　设置检测点、噪声检测

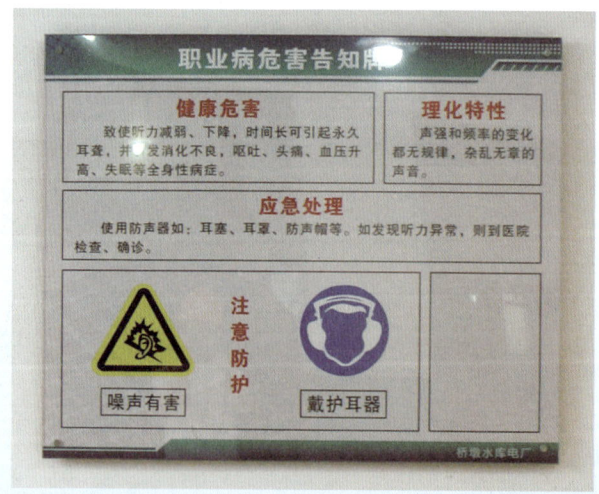

图 5-86　职业病危害告知（必要时配备防护耳塞）

6 安全风险管控及隐患排查治理

安全隐患是指潜在的危险，可能导致人身伤害或者经济损失的，包括生产作业场所、设备、设施的不安全状态，或是人的不安全行为、安全生产管理上的缺陷等。

安全风险管控则是对潜在的风险进行辨识、评价，从而采取有效的控制措施控制风险。

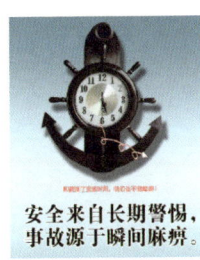

6.1 安全隐患主要表现及治理方法

1. 安全隐患主要表现

安全隐患可表现在人、物、作业环境和管理四个方面。

（1）人的隐患主要表现：①不遵守安全操作规程，违章作业；②造成安全装置失效，或使用不安全设备；③用手代替工具操作，工具、物品等存放不当；④不佩戴或不正确佩戴个人安全防护用品；⑤穿戴不安全的装束；⑥忽视安全、忽视警告，对习惯性违章操作不以为然，对隐患的存在抱侥幸心理，冒险进入危险场所；⑦对易燃、易爆等危险物品处理错误；⑧技术水平和身体状况等不符合岗位要求的人员上岗作业等。

（2）物的隐患主要表现：①设备自身安全防护装置不全、缺失或长期待修；②设备存在设计缺陷，易引发误操作；③安全防护装置、个体防护用品存在质量缺陷，起不到防护作用；④设备在非正常状态下运行，设备维修、调整不良；⑤设备、材料及工器具未按指定位置存储摆放，无取用记录或记录不全；⑥消防器材不合格或已过期；⑦特种设备已过检验期或未检验使用等。

（3）作业环境的隐患主要表现：①室内照明采光达不到要求，室内温度、湿度不当；②设备、材料摆放不符合安全规程和防护要求；③各类安全警示、指示标识缺失，或指示不明甚至混乱；④作业场所不整洁、作业环境混乱，生产工具、材料等随意丢放，占用消防通道和工作区域，地面滑，有油或其他液体等。

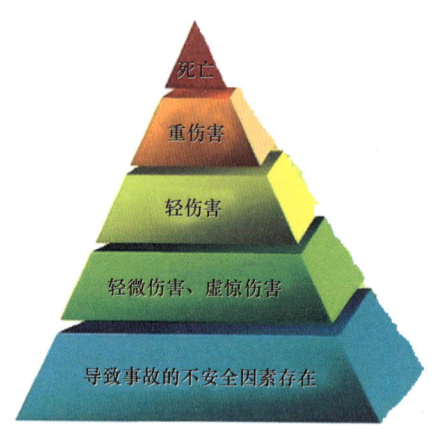

（4）管理上的隐患主要表现：①安全生产相关规章制度不健全或不完善；②安全管理中不按制度办事；③管理者自身安全素质不高，或只重视生产而对事故隐患视而不见，导致监管不力；④员工因缺乏必要的安全教育培训而导致安全意识不强，无法形成良好的安全文化氛围；⑤发现员工不安全行为时处理不当，员工继续违章等。

2. 治理方法

治理隐患的基本方法如下。

（1）技术控制：包括采取消除隐患、控制隐患的技术措施，采取防护手段、隔离防护、转移危险等技术措施。

（2）管理控制：上下各级管理人员切实肩负起各自的职责，严格按照各种规章制度办事，及时发现隐患并落实整改。

（3）安全文化控制：完善企业的各项安全规章制度，定期组织安全知识教育培训与安全应急预案演练，增强员工的安全意识，培养员工主动要求安全的习惯，形成良好的安全文化氛围。

隐患排查治理是一个动态的过程，所以不能一劳永逸，要常抓不懈，持续改进。

6.2 督查要点

对农村水电站安全风险管控及隐患排查治理管理的督查要点如下。

(1) 是否建立了事故隐患排查治理制度，制度是否合理可行。

(2) 是否进行了危险源辨识和评估，确定了危险等级；评估范围是否全面，等级确定是否合理；查评估表格等材料。

(3) 对危险等级较高的变压器等是否设置了警示监控措施。

(4) 是否严格执行隐患排查制度，排查是否全面合理；查隐患记录表格等。

(5) 日常巡查是否到位。

(6) 隐患处理是否形成闭环，是否遵循边检查边治理原则；是否从技术措施、建章立制、安全文化建设等方面落实隐患治理。

6.3 主要管理内容

农村水电站安全风险管控的一般做法如下。

(1) 进行危险源辨识、评估。要求是：将可能导致伤害或疾病、财产损失、环境破坏的根源或状态确定为危险源。农村水电站一般不存在重大危险源，但是油净式升压变压器等可以作为一般的危险源。

(2) 记录危险源辨识、评估表，建立危险源辨识、评估档案。

(3) 对排查出的等级较高的危险源设置监控措施、警示标识等。

(4) 做好日常相关管理。

农村水电站隐患排查治理的一般做法如下。

(1) 组织安全检查，开展隐患排查工作。

(2) 对排查出的隐患记录建档。

(3) 对排查出的隐患及时整改治理。

(4) 隐患整改后，进行验收。

(5) 隐患治理形成闭环管理，建立完整的台账。

农村水电站安全风险管控及隐患排查治理管理要点见表6-1。

为避免安全检查流于形式，安全检查可按以下步骤，形成闭环管理。

(1) 制定检查表，必要时下发书面的安全检查通知，如专项的防汛安全检查通知等。

(2) 组织实施。

(3) 通报检查情况。

表6-1　　　　农村水电站安全风险管控及隐患排查治理管理要点

序号	管理内容及要求		资料要求
1	对生产设施或场所等进行危险源辨识、评估，确定危险等级；建立档案	要求辨识、评估完整、无缺项	危险源辨识、评估表
2	对危险等级较高的危险源采取监控措施	现场设置明显的安全警示标识和危险源点警示牌	安全警示标识、危险源点警示牌
3	隐患排查及隐患等级确定	完整、无缺项	安全管理事故隐患排查表
4	日常巡查	避免流于形式	巡查记录表
5	隐患处理、治理	发现隐患及时处理	隐患排查治理方案、台账
6	制度建设：《事故隐患排查治理制度》（含事故隐患报告和举报奖励办法）	正式发文	制度文件

（4）督促落实整改。

安全检查同时要求坚持边检查、边整改原则，并和隐患排查治理工作相关要求结合。

安全检查表的基本格式可参考表6-2。安全检查表从层次上，可分为电站级安全检查表、车间级安全检查表、班组及岗位安全检查表。从检查内容上，安全检查表可分为专业性的安全检查表（如防火、防发电机事故等）、季节性安全检查表（如防台防汛等）、岗位安全检查表（如电气运行岗位、检修岗位等）。

表6-2　　　　　　　　安　全　检　查　表

序号	检查内容	标准/依据	检查结果	检查时间	检查人	隐患说明

7 应急管理及防汛安全

应急管理包含突发事件的事前预防、事发应对、事中处置和善后恢复过程。防汛安全管理是农村水电站重要的应急管理。

7.1 督查要点

对农村水电站应急管理及防汛安全的督查要点如下。
(1) 是否建立了应急管理制度。
(2) 是否制定了应急预案，查看应急预案是否齐全，是否可操作性强。
(3) 查看应急设备、装备、物资是否充足、完好和可靠，管理台账是否齐全。
(4) 查看应急知识培训及演练情况，是否每年至少组织1次。
(5) 考查是否有事故发生。发生事故后，是否迅速启动应急预案，事故处理后是否及时对应急预案进行评估。

7.2 主要管理内容

农村水电站可能发生的突发事件主要包括台风、洪水、雷电、火灾以及触电等。农村水电站应急管理及防汛安全管理要点见表7-1。

表7-1　　农村水电站应急管理及防汛安全管理要点

序号	管理内容及要求		资料要求
1	落实责任制，明确防汛工作责任		
2	建立生产安全事故应急预案体系： (1) 水库防洪度汛、防台抗台安全应急预案； (2) 重大地质灾害应急预案； (3) 重大火灾应急预案； (4) 人身伤害应急预案	应急预案齐全，应急预案可操作性强	预案以文件形式颁发

续表

序号	管理内容及要求		资料要求
3	每年至少组织一次应急知识培训及演练	制定培训演练方案	保存培训演练方案、现场等文字图片资料
4	建立应急设备管理制度，落实设备、装备、物资等应急保障措施，定期检查试验	确保应急设备、装备、物资的充足、完好和可靠	管理制度文件、应急物资台账、定期试验记录
5	发生事故后，立即采取应急处置措施，启动相关应急预案，开展事故救援，必要时寻求社会支援	迅速启动应急预案	应急救援联系人员及电话表
6	发生事故后，事故调查处理		事故调查资料

7.3 突发事件

突发事件可理解为突然发生的事情，就是意外地突然发生的重大或敏感事件，简言之，就是天灾人祸。

根据影响类型不同，突发事件分为自然灾害、事故灾难、公共卫生事件、社会安全事件等4类。

根据危害程度不同，突发事件可分为特别重大（Ⅰ级）、重大（Ⅱ级）、较大（Ⅲ级）、一般（Ⅳ级）4个级别，并依次采用红色、橙色、黄色、蓝色加以表示。

突发事件发生、发展的速度通常很快，出乎意料，难以应对，所以必须采取非常规方法处理。预防是突发事件管理中最简便、成本最低的方法，所以建立健全预警体系，加强应急管理，加强突发事件发生前的预防，是突发事件管理的重点。

当突发事件来临时，处置突发事件的10个环节如下。

（1）接警与初步研判。

（2）先期处置。

（3）启动应急预案。

（4）现场指挥与协调。

（5）抢险救援。

（6）扩大应急。

（7）信息沟通。

（8）临时恢复。

（9）应急救援行动结束。

（10）调查评估。

7.4 应急预案

我国2016年7月起实行新修订后的《生产安全事故应急预案管理办法》（以下简称《办法》）。新修订的《办法》明确要求，根据本单位的具体情况来编制真实、实用的预案。生产安全事故应急预案（简称：应急预案）管理工作包括编制、评审、公布、备案、宣传、教育、培训、演练、评估、修订及监督等。

应急预案为应急准备和应急响应的各个方面所预先做出的详细安排，是开展及时、有序和有效事故应急救援的行动指南。

1. 应急预案的编制

上述新修订的《办法》规定，应急预案的编制应符合下列基本要求。

（1）有关法律、法规、规章和标准的规定。

（2）本地区、本部门、本单位的安全生产实际情况。

（3）本地区、本部门、本单位的危险性分析情况。

（4）应急组织和人员的职责分工明确，并有具体的落实措施。

（5）有明确、具体的应急程序和处置措施，并与其应急能力相适应。

（6）有明确的应急保障措施，满足本地区、本部门、本单位的应急工作需要。

（7）应急预案基本要素齐全、完整，应急预案附件提供的信息准确。

（8）应急预案内容与相关应急预案相互衔接。

农村水电站编制应急预案应当成立编制工作小组，具体编制要求可参照《浙江省水库安全应急预案编制导则（试行）》等。

应急预案的主要内容包括：应急救援领导小组、领导小组的职责和成员分工，信息畅通要求，事故应急救援报告程序，事故应急救援程序，事故调查资料要求，信号规定，平时应急响应工作有关规定和要求，包括物资准备要求、救援训练和学习要求等。

应急预案编制完成后，应广泛征求意见，然后修改完善，提供下一步的评审。

2. 应急预案的评审、公布

应急预案的评审工作可参照国家安全监管总局颁发的《生产经营单位生产安全事故应急预案评审指南（试行）》。

应急预案的评审、公布工作的做法如下。

（1）评审准备。成立应急预案评审工作组，落实参加评审的单位或人员，将应急预案及有关资料在评审前送达参加评审的单位或人员。参加应急预案评审人员应符合《生产安全事故应急预案管理办法》的要求。

（2）组织评审。评审工作应由主要负责人或主管安全生产工作的负责人主持，评审工作组讨论并提出会议评审意见。采用符合、基本符合、不符合三种意见进行判定。对于基本符合和不符合的，评审应给出具体修改意见或建议。

（3）修订完善。在认真分析研究评审意见的基础上，按照评审意见对应急预案进行修订和完善。

（4）批准印发。应急预案经评审或论证，符合要求的，由主要负责人签发。

农村水电站应急预案评审重点是看关键要素是否规范，是否符合单位实际和有关规定要求，具体从以下几方面进行评审。

（1）合法性。符合有关法律、法规、规章和标准，以及有关部门和上级单位规范性文件要求。

（2）完整性。具备《生产经营单位生产安全事故应急预案编制导则》（GB/T 29639—2013）所规定的各项要素。

（3）针对性。紧密结合本单位危险源辨识与风险分析。

（4）实用性。切合本单位工作实际，与生产安全事故应急处置能力相适应。

（5）科学性。组织体系、信息报送和处置方案等内容科学合理。

（6）操作性。应急响应程序和保障措施等内容切实可行。

（7）衔接性。综合、专项应急预案和现场处置方案形成体系，并与相关部门或单位应急预案相互衔接。

3. 应急预案的演练

应急预案演练目的包括检验预案、完善准备、锻炼队伍、磨合机制、科普宣教等。

农村水电站由于规模小、人员少，还可通过演练方式对应急预案进行论证。

生产经营单位要根据本单位的事故风险特点，每年至少组织一次综合应急预案演练或者专项应急预案演练，每半年至少组织一次现场处置方案演练。

一次完整的演练包括以下几个步骤。

（1）计划。应急预案演练也是一项训练活动，要计划好设定突发事件的假想情景，按照应急预案所规定的职责和程序，在特定的时间和区域，执行应急响应任务。

（2）准备。

（3）实施。应急预案演练的方式可以分为桌面演练、图上演练、沙盘演练、计算机模拟演练、视频会议演练以及实战演练等。农村水电站可以开展消防、人身伤害急救等实战演练。

（4）评估、总结、改进。对应急预案演练效果进行评估，撰写应急预案演练评估总结报告，分析存在问题，并对应急预案提出修订意见。

4. 应急预案的宣传、教育、培训

由单位主要负责人签署公布后的应急预案，应及时发放到有关部门、岗位和相关应急救援队伍。

事故风险可能影响周边其他单位、人员的，生产经营单位应当将有关事故风险的性质、影响范围和应急防范措施告知周边的其他单位和人员。

应急预案的教育培训应纳入单位安全生产工作计划，以落实定期组织开展应急预案、应急知识、自救互救和避险逃生技能培训活动，使有关人员了解应急预案，熟悉应急职责、应急处置程序和措施，具备相应的技能。

应急培训的时间、地点、内容、师资、参加人员和考核结果等情况应如实记入单位的安全生产教育和培训档案。

图7-1所示为水电站开展消防演练示例。

图7-1 水电站消防演练

7.5 应急设备物资管理

为保障应急救援工作，应急救援所需的各种装备、材料、工具、个体防护装备、医疗器械和物品、生活保障物资等，应定期检查、维护和更新，保证其始终处于完好状态。建立应急物资台账，做好物资的验收、设备定期检查试验等工作。应急设备定期检查试验记录表（参考）见表 7-2。

表 7-2 应急设备定期检查试验记录表

序号	应急设备名称	规格名称	单位	数量	所检部门	检查日期	检查结果	检查人	下次检查日期
1									
2									
3									
4									
5									

通信是应急指挥、协调和外界联系的重要保障。应建立应急救援联系人员及电话一览表，放在易取、醒目位置，参考格式见表 7-3。

表 7-3 应急救援联系人员及电话表

匪警110		火警119		医疗救急120	
交通事故报警122		红十字急救999		森林火警12119	
常用单位和个人					
单位	姓名		职务	固定电话	手机

8 事故查处

事故是意外事件，发生于预期之外，但会造成人身安全和健康伤害，设备、设施损坏，或造成经济损失。

8.1 督查要点

对农村水电站事故查处管理的督查要点如下。

（1）查看是否有事故发生；若有事故，查看事故调查报告，主要负责人或其代理人是否立即到现场组织抢救，无谎报、瞒报事故现象。

（2）是否按照"四不放过"原则，对事故责任人员进行责任追究，并落实防范和整改措施，查看学习讨论记录、处理结果。

（3）是否有反事故学习教育举措。

8.2 主要管理内容

农村水电站事故查处管理要点见表 8-1。

表 8-1　　农村水电站事故查处管理要点

序号	管理内容及要求		资料要求
1	发生事故后，主要负责人或其代理人立即到现场组织抢救，并及时向事故发生地县级以上人民政府安全生产监督管理部门和水行政主管部门报告	不得拖延报告，谎报、瞒报事故	事故上报内容记录
2	发生事故后，组织成立事故调查组，或配合有关部门对事故进行调查	明确各自分工和职责	调查报告
3	按照"四不放过"的原则，对事故责任人员进行责任追究，落实防范和整改措施		学习讨论记录，防范措施整改落实记录，教育总结记录

8.3 事故报告

企业发生事故以后，应及时、如实报告事故情况，组织自救，配合和接受事故调查。事故报告是企业的法定义务和责任，否则要承担法律责任。《生产安全事故报告和调查处理条例》规定，事故报告应当及时、准确、完整，任何单位和个人对事故不得迟报、漏报、谎报或瞒报。

事故报告的有关规定如下。

（1）事故现场有关人员应立即向本单位负责人报告。

（2）单位负责人接到报告后，应当于1小时内向事故发生地县级以上人民政府安全生产监督管理部门和负有安全生产监督管理职责的有关部门报告。

（3）情况紧急时，事故现场有关人员可以直接向事故发生地县级以上人民政府安全生产监督管理部门和负有安全生产监督管理职责的有关部门报告。

《生产安全事故报告和调查处理条例》规定报告事故应包括下列内容：①事故发生单位概况；②事故发生的时间、地点以及事故现场情况；③事故的简要经过；④事故已经造成或者可能造成的伤亡人数（包括下落不明的人数）和初步估计的直接经济损失；⑤已经采取的措施；⑥其他应当报告的情况。若报告后出现新情况，应及时补报。

8.4 事故调查

《生产安全事故报告和调查处理条例》对事故调查的有关规定如下。

（1）特别重大事故由国务院或者国务院授权有关部门组织事故调查组进行调查。

（2）重大事故、较大事故、一般事故分别由事故发生地省级人民政府、设区的市级人民政府、县级人民政府负责调查。省级人民政府、设区的市级人民政府、县级人民政府可以直接组织事故调查组进行调查，也可以授权或者委托有关部门组织事故调查组进行调查。

（3）未造成人员伤亡的一般事故，县级人民政府也可以委托事故发生单位组织事故调查组进行调查。

（4）事故调查组组长主持事故调查组的工作，成员应当具有事故调查所需要的知识和专长，并与所调查的事故没有直接利害关系。调查组履行以下职责：查明事故发生的经过、原因、人员伤亡情况及直接经济损失；认定事故的性质和事故责任；提出对事故责任者的处理建议；总结事故教训，提出防范和整改措施；提交事故调查报告。事故发生单位的负责人和有关人员在事故调查期间不得擅离职守，并应当随时接受事故调查组的询问，如实提供有关情况。

事故调查报告报送负责事故调查的人民政府后，事故调查工作即告结束。事故调查的有关资料应当归档保存。事故发生单位应当按照负责事故调查的人民政府的批复，对本单位负有事故责任的人员进行处理。

《安全生产事故报告和调查处理条例》将一般的安全生产事故分为下列四级。

（1）特别重大事故：是指造成30人以上死亡，或者100人以上重伤（包括急性工业中毒，下同），或者1亿元以上直接经济损失的事故。

（2）重大事故：是指造成10人以上30人以下死亡，或者50人以上100人以下重伤，或者5000万元以上1亿元以下直接经济损失的事故。

（3）较大事故：是指造成3人以上10人以下死亡，或者10人以上50人以下重伤，或者1000万元以上5000万元以下直接经济损失的事故。

（4）一般事故：是指造成3人以下死亡，或者10人以下重伤，或者1000万元以下直接经济损失的事故。

以上规定中的"以上"包括本数，"以下"不包括本数。

8.5 "四不放过"原则

事故发生后，"四不放过"处理原则为：①事故原因未查清不放过；②责任人员未处理不放过；③责任人和群众未受教育不放过；④整改措施未落实不放过。

为了防范类似事故重复发生，在处理事故中要坚持"四不放过"原则。坚持"四不放过"原则的具体做法如下。

（1）组织学习事故通报，各车间、班组都要按照"四不放过"的要求召开事故分析会。假设发生这样的事故，对照事故调查处理的法律法规和本单位安全生产奖惩制度，进行一次讨论，哪些岗位、哪些人员应该受到什么样的处理。

（2）对照事故通报，对照安全管理、设备管理、技术管理、制度落实等方面要求进行自查，分析本部门相关对应人员行为、设备、环境、工艺的安全状况，是否存在问题。分析不清不放过，同时对存在问题，落实整改措施。

（3）有关部门对整改或防范措施落实情况进行检查，发现落实不力者，追究安全责任人的责任。落实不到位不放过。

（4）及时总结教训，本着举一反三的原则，整治安全管理中的薄弱环节和突出问题，不断提高安全管理水平。

"四不放过"不能只停留在口头上,而是应该有具体的实实在在的行动,不仅要做到查清原因、处理责任人、落实整改措施,更重要的是要深刻吸取教训,举一反三,做好安全生产的监管和预防工作。

停止使用有缺陷的梯子

9 持续改进

持续改进，通俗地讲就是不断地改进。持续改进的主要内容是：把持续改进明确成为企业和每一位员工的目标；总结发现问题，制定改进目标，高标准，严要求，不断改进；不断改进管理方法和管理制度。

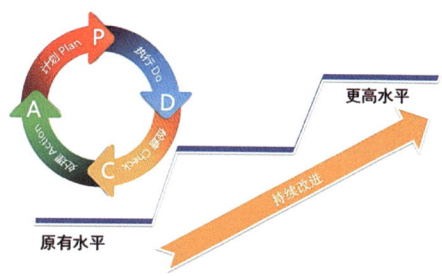

9.1 绩效评定

持续改进的前提是先要找出问题不足，所以改进的第一步工作是绩效评定。

水电站负责人全面负责安全生产绩效评定工作，职能部门按分工牵头组织或配合。评定至少每年一次，但在社会及相关方有强烈安全生产投诉、发生安全生产事故、有改扩建工程项目的时候，要及时组织评定。

1. 绩效评定主要内容

（1）安全生产目标，指标完成情况，完成指标的实现方式是否合理，是否可操作，安全生产目标保证措施是否有效。

（2）安全生产制度，制度体系建立、完善情况，是否适合实际情况；有关法律法规及制度执行情况。

（3）安全教育培训，从业人员的安全意识是否不断提高，是否能自觉遵守规程制度，安全技能是否满足要求。

（4）生产运行管理情况，"反措"落实情况。

(5) 隐患排查治理，对所排出的隐患是否实施了有效控制与治理。

(6) 危险源，是否实施了有效控制措施。

(7) 其他。

2. 绩效评定工作实施

(1) 制定工作计划、检查表，明确绩效评定的目的、范围、标准、时限、责任人和具体内容。绩效评定工作应形成正式文件。

(2) 具体实施绩效评定，要结合电站的安全生产实际，可采取下级自评、上级对下级评定相结合的方式，对车间、班组、职能部门等的绩效评定可以采用打分制，量化管理。

(3) 汇总安全生产持续改进检查评价情况（参考格式见表 9-1）。

(4) 形成总体的绩效评定报告。

(5) 召开会议，通报评定结果。绩效评定结果可作为年终考评的重要依据。

表 9-1　　　　安全生产持续改进检查评价表

序号	评审内容	现状描述	存在问题及改进建议	评定结论（含改进措施）

9.2　改进提高

各责任部门在接到绩效评定报告规定时间内，针对不合格或不符合项进行原因分析，制定切实可行的纠正措施和期限等，组织实施，并对完成情况进行跟踪和验证，确认不合格项得到纠正，将情况向安全生产领导小组汇报。

电站通过绩效评定，根据评定结果及某些指标变化的趋势等，对安全生产管理的目标指标、规章制度、操作规程、管理文件等进行修订完善，改进工作方法和管理措施，提升安全生产管理绩效，实现持续改进的目的。

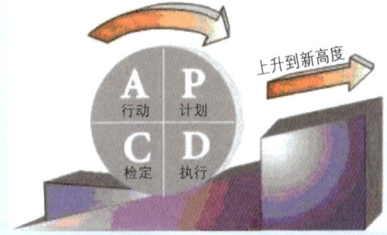

参 考 文 献

［1］ 浙江省水电管理中心，浙江省水利河口研究院组．农村水电站安全生产标准化创建指导手册．北京：中国电力出版社，2014．
［2］ 中华人民共和国国家质量监督检验检疫总局，中国国家标准化管理委员会．企业安全生产标准化基本规范：GB/T 33000—2016．北京：中国标准出版社，2016．

附录 A 农村水电安全生产监管主体履职情况检查表

农村水电安全生产监管主体履职情况检查表

单位名称： 检查时间： 年 月 日

类 别	检 查 内 容	检查结果 是	检查结果 否	备注
上级安全生产精神和要求贯彻落实	是否按照上级安全生产会议、农村水电安全生产等有关要求，及时安排部署农村水电安全生产工作			
	是否根据上级专项检查要求制定专项检查方案，并组织实施			
	是否根据上级精神和本地实际，制定安全生产年度监督检查计划并执行			
安全生产"双主体"责任落实	是否逐站落实农村水电安全生产"双主体"责任			
	安全监管责任是否分解，安全监管责任人是否落实，人员变动后是否及时调整			
	安全监管工作是否有方案、有部署、有检查、有记录			
	安全生产"双主体"责任人是否每年进行了公示			
	安全生产"双主体"是否签订年度安全生产责任书			
安全生产标准化建设	是否制定农村水电安全生产标准化达标评级工作方案			
	是否指导开展运行管理标准化和安全生产标准化建设，组织开展达标评级			
日常监督检查和隐患排查治理	是否组织开展安全监督检查和隐患排查，是否汛前、汛中、汛后都开展现场监督检查			
	是否建立安全检查和隐患排查相关台账，台账是否做到记录详实、账目明晰			
	监督检查中发现的问题是否下达整改通知书，并督促及时整改			
	隐患排查是否实行了排查、整改、销号"闭环"管理			
	对不能立即整改的重大安全隐患是否采取了相应防范措施并挂牌督办			

附录 A　农村水电安全生产监管主体履职情况检查表

续表

类　别	检　查　内　容	检查结果 是	检查结果 否	备注
安全教育	是否定期组织开展安全生产法律法规和技术标准的宣贯培训			
	是否组织农村水电站安全负责人和安全生产管理人员培训考核			
安全生产信息统计及报送	是否开展农村水电安全生产信息统计			
	是否及时报送安全检查统计表、报告			
应急管理和事故报告、处理	是否指导监管电站编制事故应急预案,是否建立应急响应机制			
	发生农村水电生产安全事故后,是否及时填写《农村水电事故应急报告表》并上报			
	是否按照"四不放过"的原则对发生的生产安全事故进行查处并对有关责任人员进行责任追究			
监督检查中发现的问题和隐患				
改进措施及建议				

检查组（签字）：　　　　　　　　　　　　　　被检查单位负责人（签字）：

附录 B 农村水电站安全生产检查表

农村水电站安全生产检查表

电站名称：　　　　　　　　　　　　　　　检查时间：　　年　月　日

类别	序号	检查内容	评分标准	标准分值	检查描述	检查得分
1. 安全生产管理机构及人员（2分）	1.1	安全生产管理机构是否设立、健全	未设立安全生产管理机构不得分，健全情况酌情评分	1		
	1.2	是否配备专职或兼职安全员	未配备安全员不得分	1		
2. 安全生产责任制（2分）	2.1	安全生产主体责任是否落实，责任人是否现场公示	责任人未现场公示不得分	1		
	2.2	安全生产责任是否分解落实到人，是否层层签订安全生产责任书	未层层签订安全生产责任书不得分	1		
3. 安全生产制度、规程（11分）	3.1	是否建立健全安全生产各项规章制度	根据实际规章制度建立情况酌情评分	2		
	3.2	安全生产规程、运行规程、检修规程是否编制、是否符合国家或行业技术标准	根据规程实际配备情况酌情评分	1		
	3.3	"两票"（工作票、操作票）是否严格执行，合格率、执行率是否均达到100%	"两票"执行率未达100%的不得分；每有一张不合格的，扣0.5分	4		
	3.4	"三制"（交接班制、设备巡回检查制、设备定期试验及轮换制）是否严格执行	根据实际执行情况酌情评分	2		
	3.5	是否按照《农村水电站技术管理规程》要求并结合实际制作、悬挂相应图表	根据实际执行情况酌情评分	1		
	3.6	安全管理标准等强制性条文执行是否到位	强制性条文执行不到位不得分	1		

附录 B 农村水电站安全生产检查表

续表

类别	序号	检查内容	评分标准	标准分值	检查描述	检查得分
4. 安全生产标准化建设（3分）	4.1	是否按照要求开展运行管理标准化和安全生产标准化建设	未开展标准化建设不得分，根据实际标准化建设情况酌情评分	2		
	4.2	是否已达标评级	未通过达标评级不得分	1		
5. 防汛安全（4分）	5.1	防汛责任制是否落实	防汛责任制未落实不得分	1		
	5.2	防汛预案是否编制、审批	未编制防汛预案不得分	1		
	5.3	防汛队伍、物资、备用电源等安全保障措施是否落实	根据防汛队伍、物资、备用电源等安全保障措施实际落实情况酌情评分，防汛措施均未落实不得分	2		
6. 应急管理（4分）	6.1	是否制定生产安全事故应急预案	未制定应急预案不得分	1		
	6.2	是否组织开展应急知识培训及演练	根据培训演练情况酌情评分	2		
	6.3	应急抢险队伍、抢险物资等应急保障措施是否落实	根据应急抢险队伍、抢险物资等应急保障措施实际落实情况酌情评分，应急措施均未落实不得分	1		
7. 设备、设施评级及巡视检查（4分）	7.1	设备、设施是否按标准进行评级	设备设施未按标准进行评级不得分	1		
	7.2	三类设备是否制定整改计划，并按计划执行	三类设备未制定整改计划并执行的不得分	1		
	7.3	是否进行日常巡视检查，台账是否建立	根据日常巡查的台账情况酌情评分	1		
	7.4	日常巡视检查发现的问题是否得到及时处理	根据日常巡查发现问题的处理情况酌情评分	1		
8. 设备、设施运行管理（45分）	8.1	大坝（闸坝、堰坝）、前池、引水渠、压力管道、厂房等水工建筑物是否完好、运行正常，并按规定进行维护和观测	大坝未按规定进行安全鉴定或鉴定为三类坝的不得分；大坝未按规定进行注册不得分；现场检查发现水工建筑物存在缺陷的，每一处扣0.5分	6		
	8.2	闸门、启闭机、压力钢管等金属结构是否完好、运行正常，并按规定进行维护和检测	现场检查发现金属结构存在缺陷的，每一处扣0.5分	6		

续表

类别	序号	检查内容	评分标准	标准分值	检查描述	检查得分
8. 设备、设施运行管理（45分）	8.3	水轮发电机组、主阀、调速器等设备是否完好、运行正常，并按规定进行维护、定期检修和试验	有相关缺陷，每处扣0.5分	6		
	8.4	油水气系统各管道设置是否符合要求，着色及流向标识是否正确，是否有明显渗漏，各表计是否完好、工作正常	有相关缺陷，每处扣0.2分	5		
	8.5	变压器、断路器、隔离开关、互感器、电缆等电气设备是否完好、运行正常，并按规定进行维护、定期检修和试验	有相关缺陷，每处扣0.5分	5		
	8.6	机组控制保护屏、励磁系统、直流系统等设备是否完好、运行正常	有相关缺陷，每处扣0.5分	4		
	8.7	设备命名、标识是否正确、齐全	有相关缺陷，每处扣0.2分	4		
	8.8	备品备件是否齐全	根据实际备品备件配备情况酌情评分	1		
	8.9	防雷设施和接地装置是否齐全，并定期试验	根据实际情况酌情评分	2		
	8.10	厂用电系统运行是否安全可靠	根据实际情况酌情评分	2		
	8.11	特种设备（电梯、压力容器、起重设备等）是否安全可靠，并定期监测	有相关缺陷，每处扣0.5分	3		
	8.12	电站通信是否畅通	根据实际通信情况酌情评分	1		

附录 B 农村水电站安全生产检查表

续表

类别	序号	检查内容	评分标准	标准分值	检查描述	检查得分
9. 生产作业场所安全（10分）	9.1	厂区是否整洁、工作人员着装是否符合要求，噪声是否符合要求	根据实际情况酌情评分	2		
	9.2	作业场所是否设置安全护栏、盖板、警示牌并划定隔离区	有相关缺陷，每处扣0.2分	2		
	9.3	是否按规定配备逃生通道、消防器材、设施，消防标识是否完整，消防器材、设施是否合格有效	有相关缺陷，每处扣0.2分	3		
	9.4	安全工器具配置是否齐全，定期试验是否合格	有相关缺陷，每处扣0.2分	2		
	9.5	防误操作措施是否设置齐全	根据实际情况酌情评分	1		
10. 隐患排查治理及台账（6分）	10.1	是否定期组织隐患排查，对隐患进行分析评价，确定隐患等级，并形成记录，隐患排查出的问题与日常巡查台账中的问题能否对应	缺少事故隐患排查记录，不得分；无汛前隐患排查扣0.5分	2		
	10.2	是否建立事故隐患报告和举报奖励制度	未制定该项制度不得分	1		
	10.3	隐患排查治理台账是否建立，是否形成"闭环"管理	根据实际情况酌情评分	2		
	10.4	不能立即整改的重大安全隐患是否按"五落实"（整改措施落实、整改资金落实、整改期限落实、整改责任人落实和应急预案落实）要求制定隐患治理方案，采取相应防范措施，并做到按时整改到位	根据实际情况酌情评分	1		

续表

类别	序号	检查内容	评分标准	标准分值	检查描述	检查得分
11. 安全教育培训（7分）	11.1	安全负责人和安全生产管理人员是否培训并考核合格	安全负责人和安全生产管理人员未经培训并考核合格的，每缺少一个扣0.5分	1		
	11.2	全员持证上岗，新员工是否进行岗前培训并考核合格	新员工未进行岗前培训并考核不合格的不得分，未全员持证上岗的不得分	2		
	11.3	使用"四新"（新工艺、新技术、新材料、新装备）前，是否进行安全技术和操作技能培训	使用"四新"前，未进行培训的不得分	1		
	11.4	转岗、离岗3个月以上重新上岗人员，是否进行安全教育培训并考核合格	未进行安全教育培训并考核的不得分	1		
	11.5	在岗作业人员是否每年进行不少于一次安全生产教育培训并考核合格	在岗作业人员每年未进行安全生产教育培训并考核的不得分	1		
	11.6	特种作业人员是否经过专门的安全作业培训，并持证上岗	特种作业人员未经专业培训并持证上岗的不得分	1		
12. 事故报告及调查处理（2分）	12.1	发生生产安全事故后，是否及时上报	安全事故未及时上报的不得分	1		
	12.2	是否按"四不放过"原则进行事故调查处理	内部无调查报告的不得分，未按照"四不原则"处理的不得分	1		
检查得分合计						
安全生产状况评定				_____类		

改进措施及建议	

检查组（签字）：　　　　　　　　　　　　　被检查单位负责人（签字）：

农村水电站安全生产检查表说明

一、适用范围

本表适用于已投入运行农村水电站安全生产监督检查及安全评价。

二、项目设置

本表共设置 12 类 51 项检查内容。

三、分值设置

本表按 100 分设置得分点,并实行扣分制,合计得分采用四舍五入,取整数。在检查内容中有多个扣分点的,可累计扣分,直到该项标准分值扣完为止,不出现负分。水电站设备设施内容缺项的,视为满分。

四、安全评价

检查得分大于等于 80 分,安全生产状况评定为 A 类;检查得分小于 80 分、大于等于 60 分,安全生产状况评定为 B 类,给予黄牌警告;检查得分小于 60 分,安全生产状况评定为 C 类,给予红牌警告。

检查得分大于等于 60 分的电站存在下列情形之一的安全生产状况核定为 B 类:①大坝未按规定进行安全鉴定的;②生产设备设施类总评审得分率低于 65% 的;③"两票"执行率未达到 100% 的。

检查得分大于等于 60 分的电站存在下列情形之一的安全生产状况核定为 C 类:①大坝安全鉴定为三类坝的;②主要设备设施危及安全生产的;③有谎报、瞒报事故的。

附录 C 农村水电安全生产检查整改通知书

农村水电安全生产检查整改通知书
（式样）

××〔××〕××号

×××单位（电站）：

按照《中华人民共和国安全生产法》等法律法规要求，依据《温州市农村水电安全生产监督检查指导意见（试行）》，我单位派员于××××年××月××日至×××年××月××日，对你单位（电站）进行了安全生产检查，发现存在下列问题和隐患，现通知如下：

1.
2.
3.
……

请你单位于××××年××月××日前整改完毕，并将整改报告函告我单位。整改期间，你单位应采取有效应急措施，确保安全。

检查单位盖章
××××年××月××日

附录 D 农村水电站运行规程（编制提纲）

农村水电站运行规程（编制提纲）

1 电机运行规程
    1.1 设备规范
    1.2 发电机的运行与维护
    1.3 发电机的操作方式
2 变压器运行规程
    2.1 设备规范
    2.2 变压器的运行与维护
    2.3 变压器的操作方式
3 水轮机及辅机运行规程
    3.1 设备规范
    3.2 水轮机及辅机的运行与维护
    3.3 水轮机及辅机的操作方式
4 配电装置运行规程
    4.1 设备规范
    4.2 配电装置的运行与维护
    4.3 配电装置的操作方式
5 事故与故障的处理

附录 E 闸门及其启闭机运行规程

闸门及其启闭机运行规程

第一章 正常运行及检查巡视

第一条 闸门及启闭设备的检查内容。

（一）检查闸门的闸槽有无堵塞物及气蚀损坏现象，闸门主侧轮有无锈死，止水设施是否破损，门页有无扭曲变形、裂纹、脱焊、油漆剥落、锈蚀等，闸门开启关闭时有无震动情况。

（二）启闭设备的检查：看润滑系统是否干枯缺油，吊点结构是否牢固可靠，固定基脚是否松动，齿轮及制动是否完好灵活，动力电源及操作电源是否正常，配电屏和电气设备是否完好，屏柜门是否关严，启闭机钢丝绳在卷筒上是否固定牢固，钢丝绳有无打结、断股和扭转现象。

第二章 维 护 及 保 养

第二条 闸门及启闭设备的养护修理内容。

（一）闸门闸槽应盖好盖板，以防杂物掉入闸槽内。

（二）经常擦洗启闭机械，保持清洁、干净，传动部分要经常加注润滑油。

（三）经常检查调整限位开关，保证其工作准确可靠。

（四）对制动器应经常进行养护，保证灵活可靠。

（五）对电机、电气设备、动力线路等均应经常保养，做到安全可靠。

（六）经常检查止水带有无磨损、老化或局部损坏，螺栓有无松动、锈断等。

第三章 运 行 操 作

第三条 泄洪闸开启操作。当来水超出发电需要时，为保证大坝运行安全，应及时提闸泄水。提闸操作如下：

（一）接到值班负责人提闸通知，投入控制电源。

（二）检查控制面板各指示灯正常，"现地""远方"转换开关在"现地"

位置。

（三）按下闸门提升按钮。

（四）严密监视闸门动作情况及荷载仪指示负荷、开度情况。

（五）提起闸门至需要开度。

（六）按下停止按钮。

（七）查弧形闸门停止，汇报中控室值班负责人。

第四条 泄洪闸门关闭操作。

（一）检查闸门启闭机动力、操作电源正常。

（二）闸门闸槽内无杂物，限位开关位置正确。

（三）按下闸门关闭按钮。

（四）闸门在下落过程中，应监视各部件运行情况，出现异常，应立即停止操作，切除电源，并进行检查处理。

（五）闸门全关后，应自动停止，电机停转后进行全面检查。

第五条 进水闸开启操作（一般性操作）。

（一）接到厂房值班负责人提闸命令。

（二）查电源正常，保险良好。

（三）操作按钮提闸。

（四）根据命令决定提闸多少。

（五）与厂房值班人员核实所操作是否满足要求。

第六条 有压引水隧道、调压井、压力钢管、支洞、事故蝶阀检修后进水口闸门开启操作。

（一）检查机组进水球阀主阀、旁通阀均在全关位置。

（二）检查机组压力钢管放空阀已关闭。

（三）检查机组球阀底部排污阀已关闭。

（四）检查机组反喷手动阀已关闭。

（五）检查压力钢管进人门已严密封闭。

（六）检查机组环管排水阀已严密封闭。

（七）检查各支洞进人孔、压力钢管主管进人孔已封堵。

（八）检查各支洞放空阀、堵头放空阀已关闭。

（九）检查引水洞内围堰已拆除、进人孔门已封闭。

（十）开启检修闸门充水阀（不得提动检修闸门），通过充水阀对检修闸至工作闸之闸充水平压。

（十一）待平压后，提起检修闸至全开并锁定，提升工作闸门至 10～20cm，对引水隧洞及压力钢管充水，并监视水压上升情况，待压力钢管压力稳定后，检查各处进人门、伸缩节、封堵均无漏水，待充水完毕后，提升工作闸门至全开并锁定。

第七条 进水闸门关闭操作。

（一）接到中控室值班负责人关闭进水闸门的通知。

（二）检查启闭机控制电源、动力电源正常。

（三）启闭机控制面板各指示灯和转换开关位置正确。

（四）按下关阀按钮。

（五）进水门动作正常，荷载仪开度及荷重指示正常。

（六）进水门全关后，进水门自动停止（如不全关需手动按下停止按钮制动）。

第四章　闸门启闭机故障处理

第八条 闸门全开后，启闭机不能自动停止。

（一）可能原因：

1）闸门限位开关位置变动；

2）接触器触头粘死。

（二）处理措施：

1）立即切断动力电源；

2）查明原因后进行相应处理。

第九条 闸门启闭机不能启动。

（一）检查动力电源、操作电源是否正常。

（二）检查电机热耦继电器是否动作。

（三）检查限位断路器触点是否正常。

第十条 闸门在操作中出现下列情况，应停止操作。

（一）启闭机运转过程中声音异常且有尖叫声。

（二）钢丝绳剧烈抖动。

（三）闸门在提升或下落过程中抖动严重。

附录F 水工建筑物管理制度

水工建筑物管理制度

第一章 总 则

第一条 为规范本电站水工建筑物的管理，明确水工建筑物的管理范围、管理职责和管理内容等方面的规定，特制定本制度。

第二条 本制度适用于本水电站，有关运行、检修和管理等部门的相关工作应符合本制度。

第三条 对于本制度未能提及的某些细节问题，为进一步明确责任，便于操作，有关科室和部门可依据本制度指定相关的管理实施细则，经电站负责人批准后实施。

第二章 管理机构与职责

第四条 水工班组为水工建筑物的管理部门，主要职责包括：

（一）负责根据本站实际情况，对水工建筑物管理，制定相应的工作规划、计划。

（二）负责水工建筑物的日常管理和安全监测。

（三）负责组织对水工建筑物进行安全检查。

（四）负责水工建筑物的维护修复和加固改善。

（五）负责水工建筑物的险情预计和险情处理。

第三章 管理规定

第五条 水工建筑物范围：大坝、泄水设施、主厂房、升压站、引水隧洞、压力钢管、渠道、管辖范围内的水库上下游及护坡等。

管理内容：水工建筑物的正常管理、安全监测、安全检查、维护修复、加固改善以及险情预计和险情处理。

第六条 水工建筑物检查。

（一）对水工建筑物应按照国家电网公司《水电站大坝安全检查施行细则》

进行经常性的巡视检查，以便及时发现问题，清除隐患，保证建筑物安全运行。

（二）汛期应对主要建筑物加强巡回检查，做好记录，对原有缺陷的发展情况要特别注意检查，对必须维修的项目和内容及较大缺陷及时汇报。

（三）汛期前、汛期结束，应组织对所有水工建筑物及附属设备进行全面检查，做好详细记录。

（四）发电引水隧洞及堰坝应在每年枯水期检修期间进行一次检查，并清理沉沙池，做好相关记录。

（五）每月一次检查压力钢管、伸缩节等各种金属结构和重锤阀有无锈蚀，损坏和操作失灵情况，并及时组织处理，做好记录。

（六）如遇特大洪水、超设计水位、地震、滑坡等特殊事件应立即对水工建筑物进行特别检查。

（七）水工建筑物检查中发现的异常部分应拍照，对重大缺陷应进行录像。照片存入"水工建筑物技术台账"，录像带交档案室存档。

（八）每月检查各种水工建筑物上有无植物生长阻碍，拦污栅有无杂物阻塞情况，做好记录。

（九）大坝的沉降、位移、渗漏等情况进行全面测量检查，并做好详细记录。

（十）检查记录应有以下内容：
1）检查日期、检查的组织者及参加人员、记录员的姓名；
2）缺陷部位、缺陷概况，必要时还应绘制示意图，照相或录像；
3）对缺陷处理意见。

（十一）大坝巡查日期：
1）非汛期：10月16日至次年4月14日，7天一次；
2）梅汛期：4月15日至7月14日，2天一次；
3）主汛期：7月15日至10月15日，1天一次。

第七条 水工建筑物维护。

（一）对于水工建筑物的一般缺陷应做到及时发现、及时消除，重大缺陷应及时报告，尽快消除。

（二）对于水工建筑物的渗漏水，必须首先查明原因，按照相关程序进行处理。

（三）水工建筑物进行改造或改变结构形式时，需经过设计单位设计，并报主管单位审核通过才能实施。

（四）在本站水工建筑物附近，禁止进行爆破作业。

第四章　监督检查与考核

第八条　安监部门负责对本制度的执行情况进行监督检查。

第九条　对因违反本制度造成管理不善和不安全事件，按电站安全生产相关制度进行考核追责。

第五章　附　　则

第十条　本制度应根据执行情况和反馈意见及时进行修订和完善，一般一年审查一次，三年全面修订一次。

第十一条　本制度自发布之日起生效。

附录 G　工 作 票 制 度

工 作 票 制 度

第一条　在电气设备和水力机械上工作，均应按《电业安全工作规程》和有关规定分别填写第一、第二种工作票和水力机械工作票。事故抢修工作，填写事故应急抢修单，做好相应的安全措施，并明确工作负责人，到现场进行许可，运行人员应将情况记入运行日记中。抢修结束后，工作负责人应将详细情况记录在检修记录簿中，并在确保设备故障已排除的情况下，方能投入系统运行。

第二条　运行人员进行的一般维护工作，公司有关人员到厂区了解设备运行情况或修试人员搬运修试器材等工作，可口头或电话联系许可。

第三条　非当值运行人员和非电气工作人员进行的一般维护或设备场地的工作，虽不可能触及电气设备，也应填用第二种工作票。民工、临时工在电站工作，应进行必要的安全教育，并填民工、临时工、现场安全教育记录表附在相应的工作票上，方可许可工作。

第四条　非本公司工作人员在电站工作，需持所属单位的工作票，并由电站允许签发工作票的人员转签为本电站的工作票，交当值办理许可手续。

第五条　属调度管辖和许可的一切设备工作许可前，应先得到调度许可后，方可办理工作许可手续，绝对禁止在未经调度许可的备用或运行设备上进行任何工作。在工作许可手续未办理完毕前，严禁检修人员擅自开始工作。如有发现要及时加以制止，并报告有关领导。

第六条　工作票的填写应符合上级部门和公司的有关规定。第一种工作票中所挂标示牌的地点、数量、名称、设置围栏的位置应明确；第二种工作票中应明确具体安全措施项目，包括给相邻盘挂运行设备遮布或挂牌，以及其他标示牌。水力机械工作票中应注明断开电源、隔断运行设备联系的水力系统，对检修设备的油、水、风系统的消压，防止转动措施，阀门的开、关或隔离。

第七条　工作票签发人不在现场，可用电话签发。电话签发的工作票，签发人应将工作票内容详细发给值班员，值班员应做好录音和记录方可办理许可手续。

第八条 全部工作完结后，值班员应听取工作负责人交清检查、试验结果和存在的问题，并在检修记录簿上做好记录。工作负责人陪同值班员到现场验收，验收与记录相符后，双方在工作票上签字，并盖上"已执行"章后，工作票方告终结。电站保存的工作票，必须在装设于检修设备上的接地线拆除或接地闸刀拉开后，并在工作票上填明接地线和接地闸刀组数和编号后，方可盖上"已执行"章。

第九条 检修设备经验收双方签字后，应立即收回临时遮栏和标示牌，恢复常设遮栏。及时地将检修设备的名称、检查情况、存在问题、最后结论和工作结束时间向调度汇报。

第十条 工作票至预定时间，工作尚未完成，应由工作负责人向调度申请停役延期时间。工作许可人只有得到调度批准后，方可办理工作票延期手续。

附录 H 操作票制度

操作票制度

第一条 倒闸操作应按有关调度命令和操作顺序执行,其他任何人员的操作意见只作参考,不能作为操作命令的依据。

第二条 电站由正值接令,接令时应录音,并将下达的操作任务逐句记录在值班日记中,然后按记录复诵。不能凭记忆和印象来执行。接受调度令后,必须将操作目的和预定操作时间在运行日记上记录。

第三条 为了确保操作的正确性,使操作人员有足够的时间准备,一切停役、复役操作,由接预令值拟票并初审,接正令值审票操作。

第四条 倒闸操作的值班员应正确使用安全器具,安全器具使用之前应检查其完好。

第五条 对调度发布的操作命令有疑问时,应向调度询问清楚,若调度考虑后并重复命令时应立即执行。对人身和设备有严重威胁的重要命令,应停止执行,并立即向电站负责人和技术员汇报。

第六条 操作票应按编号顺序使用,作废的应加盖"作废"章;已执行的应盖"已执行"章;未执行的应加盖"未执行"章;在某一项不执行时应加盖"此项不执行"章,并在备注栏说明不执行原因。

第七条 在自动化良好的情况下,机组开停机可以不用操作票。

第八条 某些操作流程已固化在计算机监控程序中,当进行此项操作时,不需另外填写操作票。

第九条 系统或电站设备发生故障时,为了迅速隔离故障设备,防止事故扩大而进行的操作,可以不用操作票。当故障设备隔离,为组织抢修而增设安全措施,或抢修结束恢复送电时,均应填写操作票。直流系统、水泵控制系统、油泵控制系统、空压机控制系统的切换可不用操作票,应在值班日记和设备切换记录簿上记录清楚。

第十条 当设备"由冷备用改为运行状态"的操作时,必须检查"设备是否处在冷备用状态",并作为一个单独的项目填入操作票。保护及自动装置有工作的设备复役操作,还应增添检查保护及自动装置的投撤位置是否符合要求,其项目也应单独作为一项列入操作票。二次设备无工作，在开关合闸送电前，必须检查保护投入情况，其检查项目可不填入操作票。

第十一条 操作票填写要规范，发令人、操作时间、结束时间、值班负责人、监护人、操作人要写在同一操作任务的第一页上。

第十二条 倒闸操作全过程应严格按"六要八步骤"、《电业安全工作规程》和调度规程执行。

附录 I 操作票和工作票

表 A.1　　　　　　　　电气倒闸操作票

单　位				编　号	
发令人		受令人		发令时间	年　月　日　时　分
操作开始时间：　年　月　日　时　分			操作结束时间：　年　月　日　时　分		
（　）监护下操作		（　）单人操作		（　）检修人员操作	
操作任务：					

顺　序	操　作　项　目	√

备注：

操作人：　　　　　　　　监护人：　　　　　　　　值班负责人（值长）：

附录 I 操作票和工作票

表 A.2　　　　　　　　　　　电气第一种工作票

单　位		编　号	
工作负责人（监护人）：		班组：	
工作班人员（不包括工作负责人）： 共　　人			
工作的变、配电站名称及设备双重名称：			
工作任务	工作地点及设备双重名称	工作内容	
计划工作时间：自　　年　月　日　时　分至　　年　月　日　时　分			
安全措施 （必要时可 附页绘图 说明）	应拉断路器、隔离开关		已执行[a]
	应装接地线，应合接地刀闸（注明确实地点、名称及接地线编号[a]）		已执行
	应设遮栏，应挂标示牌及防止二次回路误碰等措施		已执行

续表

安全措施（必要时可附页绘图说明）	工作地点保留带电部分或注意事项（由工作票签发人填写）	补充工作地点保留带电部分和安全措施（由工作许可人填写）
	工作票签发人签名：	签发日期： 年 月 日 时 分

收到工作票时间： 年 月 日 时 分

运行值班人员签名：　　　　　　　　　　工作负责人签名：

确认本工作票上述各项内容：

许可开始工作时间： 年 月 日 时 分

工作许可人签名：　　　　　　　　　　工作负责人签名：

确认工作负责人布置的工作任务和安全措施：

工作班组人员签名：

工作负责人变动情况：

　　原工作负责人　　　　离去，变更　　　　为工作负责人。

工作票签发人：　　　　　　　　　　　　日期： 年 月 日 时 分

续表

工作人员变动情况（变动人员姓名、日期及时间）：
工作负责人签名：

工作票延期：

有效期延长到：　　　年　月　日　时　分
工作负责人签名：　　　　　　　　　　　　　　日期：　　年　月　日　时　分
工作许可人签名：　　　　　　　　　　　　　　日期：　　年　月　日　时　分

每日开工和收工时间（使用一天的工作票不必填写）	收工时间				工作负责人	工作许可人	开工时间				工作负责人	工作许可人
	月	日	时	分			月	日	时	分		

工作终结：

全部工作于　　年　月　日　时　分结束，设备及安全措施已恢复至开工前状态，工作人员已全部撤离，材料工具已清理完毕，工作已终结。

　　工作负责人签名：　　　　　　　　　　工作许可人签名：

工作票终结：

　　临时遮栏、标示牌已拆除，常设遮栏已恢复。未拆除或未拉开的接地线编号　　　　等共　　组、接地刀闸（小车）共　　　副（台），已汇报调度值班员。

　　工作许可人签名：　　　　　　　　　　　日期：　　　年　月　日　时　分

备注：
（1）指定专责监护人　　　　　　负责监护。
（地点及具体工作）
（2）其他事项：

注　已执行栏目及接地线编号由工作许可人填写。

表 A.3　　　　　　　　　　电 气 第 二 种 工 作 票

单　位		编　号	

工作负责人（监护人）：　　　　　　　　　班组：

工作班人员（不包括工作负责人）：

共　　　人

工作的变、配电站名称及设备双重名称：

工作任务	工作地点或地段	工作内容

计划工作时间：自　　年　月　日　时　分至　　年　月　日　时　分

工作条件（停电或不停电，或邻近及保留带电设备名称）：

注意事项（安全措施）：

　　　工作票签发人签名：　　　　　　　　　签发日期：　　年　月　日　时　分

补充安全措施（工作许可人填写）：

确认本工作票上述各项内容：

　　　工作负责人签名：　　　　　　　　　工作许可人签名：
　　　许可工作时间：　　年　月　日　时　分

确认工作负责人布置的工作任务和安全措施：

　　　工作班人员签名：

续表

工作票延期:		
有效期延长到: 　年　月　日　时　分		
工作负责人签名:	日期:	年　月　日　时　分
工作许可人签名:	日期:	年　月　日　时　分

工作票终结:

全部工作于　　年　月　日　时　分结束,工作人员已全部撤离,材料工具已清理完毕。

工作负责人签名:	日期:	年　月　日　时　分
工作许可人签名:	日期:	年　月　日　时　分

备注:

附录 J 电站各岗位责任制

电站各岗位责任制

第一章 站长岗位职责

第一条 站长在上级的领导下，主持电站全面工作，是电站各项工作的第一责任人，确保事前预控，提高安全管理水平，保障运行人员和设备的安全。

第二条 组织电站运行人员认真贯彻执行各项规章制度和上级命令，负责员工的思想政治工作和技术业务培训工作，不断提高运行人员的政治业务素质。

第三条 负责电站岗位责任制、经济责任制的落实和各项指标的考核工作，每月对电站设备进行全面巡视至少一次，每周参加交接班至少一次，不定期查阅运行值班日记；检查"两票三制"和倒闸操作"六要八步骤"（华东电网防止电气误操作安全管理规定）的执行情况，随时掌握生产的薄弱环节。

第四条 定期主持召开会议，听取汇报，传达上级指示，布置工作任务，及时分析各项安全技术指标完成情况；负责组织制定并实施年度、季度、月度的各项工作计划，完成年终工作总结，填报上级规定的各种报表。

第五条 负责组织实施电站技术措施计划，完成各种准备工作（包括新建设备和更新设备的验收及投产准备等），对大型复杂的重要操作，必须到现场监督指挥。

第六条 负责组织实施电站反事故措施和安全措施计划，对发生的事故和隐患，组织有关人员分析、查找原因、制定措施，做到"四不放过"原则。

第七条 掌握电站各种技术资料，根据设备变更情况，随时督促有关人员进行资料、台账的更改，并及时提出电站运行维护规程中有关条文的修改意见。

第八条 组织和协调电站每年一次的设备状态评价工作。

第九条 根据现场和人员分析情况，有权临时调整岗位人员；根据工作人员具体情况，实施奖惩或建议公司给予奖惩。

第十条 倾听员工意见，关心员工生活，及时解决、反映员工存在的困难和问题。

第二章 安全员岗位职责

第十一条 站内安全员是站长在安全生产上的助手，对本站的安全生产负责监督管理责任。

第十二条 应熟悉《电业安全工作规程》并监督安全管理制度的贯彻执行。

第十三条 坚持"安全第一、预防为主、综合治理"的方针，监督安全措施的实施，制止违章作业。发现不安全现象时立即报告，协助站长进行处理并组织分析。

第十四条 协助站长搞好安全管理和安全教育，组织开展安全活动，学习安全文件，通报并结合实际情况进行安全分析，采取有效的防范措施。

第十五条 保证安全工具的定期试验、妥善保管，监督成员正确使用劳动保护用具。

第十六条 协助站长对新入站人员进行安全教育，不合格者不能上岗。

第三章 专（兼）职技术员职责

第十七条 制订电站年、季（月）度培训计划并组织实施。

第十八条 负责编（修）订现场运行规程和典型操作票。

第十九条 负责管理电站的图纸、技术资料、设备台账并保证其完整性和正确性。

第二十条 负责电站运行人员的业务技术培训，定期组织运行人员进行业务技术考试。

第二十一条 负责设备缺陷、设备评级、经济运行等有关业务技术报表（单）的审核、上报工作，督促设备缺陷的处理。

第二十二条 直接参加新设备、A级、B级检修改造后设备的验收、投运和较复杂操作的准备工作及现场指挥、监护。

第二十三条 每月至少参加一次对电站设备进行全面巡视，经常查阅值班运行日记，及时分析、处理异常运行情况和技术问题。

第二十四条 负责和指导电站每年一次的设备状态评价工作，对设备状态评价的数据完整性、正确性和结果进行审核。

第二十五条 定期检查防误闭锁装置的使用、完好情况，及时统计、上报防误闭锁装置的安装、使用情况。

第四章 值长岗位职责

第二十六条 确保事前预控，提高安全管理水平，保障运行人员和设备的安全。

第二十七条　督促本值运行人员严格执行运行规程、有关规章制度和上级调度命令，监护和指导值班员正确完成操作任务。

第二十八条　审查本值的工作票、操作票，认真完成各项技术记录（运行班日记、各种工作票登记、设备缺陷处理记录、反事故演习等各种相关台账工作），并负责办理交接班手续。

第二十九条　根据运行方式、季节特点对电气设备进行必要的检查和监视。发生事故和不安全运行情况，应立即向电站负责人和调度汇报，组织全值人员正确处理事故及异常。

第三十条　认真审查一切停电作业施工工作票的正确性，亲自到现场组织落实安全措施。检修完毕后，安排现场的验收检查工作。

第三十一条　组织本值人员开展班前、班后会，对本班发生的事故或其他一切不安全情因组织分析、查找原因、制定措施，做到"四不放过"。

第三十二条　负责组织本值的生产技术培训和安全教育，不断提高全值人员的技术业务素质，负责班组建设，实现民主管理。

第三十三条　负责本值人员做好文明生产工作。

第五章　值班员岗位职责

第三十四条　在值长指挥下进行值班工作，确保机电设备安全经济运行。

第三十五条　严格执行运行规程和各项规章制度，完成设备和附属设施的运行维护、巡回检查和监视工作，发现异常及时汇报。

第三十六条　按时准确地完成各种报表记录。

第三十七条　根据操作任务，熟练地填写操作票。进行电气设备的倒闸操作，许可工作票和布置或拆除安全措施。

第三十八条　保管和整理当值所使用的安全工器具和其他辅助工具，完成电站的清洁卫生和辅助工作。

附录 K 运行值班制度

运行值班制度

第一条 值班人员必须认真贯彻"安全第一、预防为主、综合治理"的安全生产方针，搞好安全经济运行。

第二条 值班人员在值班期间，坚守岗位，全神贯注执行命令，精心操作，切实搞好本职工作，做到"人、心、眼、鼻、耳"齐到。

第三条 严格遵守劳动纪律，不做与运行无关的工作，不看书籍，不大声喧叫，不准会客，不打瞌睡，不酒后上班，严禁在禁烟区内吸烟，不准与运行无关的人员进入运行区，不准将小孩带到车间里玩耍。

第四条 运行人员必须正确使用安全劳动用品，值班人员不得穿拖鞋、高跟鞋、穿背心、短裤，女性不得穿裙子、不准披长发进生产岗位。

第五条 运行人员必须熟悉业务，掌握设备的特性和结构，工作原理，操作程序，做到操作熟练，准确迅速，做到事故在萌芽阶段就能及时排除，调整有功无功负荷，使其运行在最佳状态，以提高机组效率。

第六条 发现事故和故障时，保持慎重、冷静、正确地分析，果断、迅速地处理故障和事故，尽量缩小事故范围，避免设备损坏和人身伤亡事故，及时向上级报告并做好记录。

第七条 加强对设备的管理，严格执行巡视制度，监视各种表计、信号，准确判断运行情况，认真做好事故预想和运行记录，清楚无误，书写工整，规范的记录各种设备运行情况和故障情况。

第八条 服从调度命令，严格遵守操作票、工作票制度，严格执行操作规程和电业安全工作规程。

第九条 认真做好设备的维护、保养和发电车间的无尘、无蛛、无油"三无"清洁工作，及安全保卫、防火、防盗工作。

附录 L 运行交接班制度

运行交接班制度

第一条 交接班制度是保证电站正常、连续安全运行的一项重要制度。交接班时，交、接双方人员应全部到场，列队交接；按照规定的值班表进行交接班，不得擅自调班；如需调班应办理相关手续。

第二条 交接班未结束前，交班人员不得离开岗位，所有工作仍由交班人员负责。如交接班时发生事故，应由交班人员负责处理，接班人员主动配合。

第三条 在下列情况下不得进行交接班：

（一）倒闸操作及工作许可、工作终结、验收过程中。

（二）事故处理过程中。

第四条 在正常情况下应按如下程序完成交接班：

（一）在交接班前半小时，由交班值长或正值负责检查本值当班期间内的日常运行工作是否已完成，如设备巡视、定期切换试验等；各类记录是否完整、正确；倒闸操作是否正确无误；一次系统模拟图板是否与现场设备状态、位置一致；保护定值、压板位置是否正确；钥匙、工器具、安全工器具、图纸资料等是否完整齐全；做好交班前的清洁卫生工作。

（二）接班人员提前 15 分钟到达主控制室，交接双方人员全部到齐后，才能正式开始交接。

（三）交接班时，交接双方应各自站立一行（边），由交班值长或正值根据值班运行日记的内容进行交接，同时还应对图板、现场设备运行状态进行交接，并作必要说明。

（四）完成交接内容和项目后，先由接班人员在值班运行日记上分别签字，并由接班值长填写接班时间，然后由交班人员分别签字。双方签字后，其职责由接班值履行。

第五条 交接班一般应包括下列内容：

（一）交班时电站的一次、二次设备，水力机械及辅助设备运行方式和情况。

（二）系统、电站异常运行及事故发生、经过、处理情况。

（三）操作任务、命令的执行情况和未完成的操作任务及调度的操作预令，现场接地线或接地闸刀装设情况。

（四）工作票的许可、执行情况和尚在进行工作的情况。

（五）设备检修、试验情况和设备缺陷、消缺情况及需要引起的注意事项。

（六）设备状态的变更情况，继电保护方式和定值的更改情况。

（七）设备巡视检查情况。

（八）各项定期切换试验、维护测试和微机运行使用情况。

（九）图纸、资料、仪表、通信设备、录音机、钥匙、备品备件、安全工器具、工器具使用、完好情况。

（十）上级命令、指示和有关通知、文件。

第六条 对变动、操作、工作过的一次、二次设备，自动化设备，水力机械及辅助设备等和新发现的设备缺陷及带严重缺陷运行的设备，交班人员应会同接班人员到现场进行检查、核对、交接。

第七条 交接必须做到"五清"即看清、讲清、问清、查清、点清；"四交接"即立队交接、图板交接、现场交接、实物交接。

第八条 交班者如发现接班者有酗酒和精神不振等可能影响正常值班的情况时，应拒绝交班并立即汇报电站负责人另派人员接替。

第九条 接班人员如发现交班人员未做好交接班准备和清洁卫生等工作时，有权拒绝接班。

第十条 接班后，值长根据系统设备运行、检查及天气变化情况，提出本值运行中应注意的事项和事故预想。

附录 M 运行设备巡查制度

运行设备巡查制度

第一章 一般巡查要求

第一条 电站应按设备的实际位置确定科学、合理的巡视检查路线和项目。巡视应按规定的时间、路线、流程进行，认真地巡视设备，以便及时发现缺陷和异常情况。

第二条 巡视检查根据范围、重点和周期的不同，可分为：交接班巡视、正常巡视、特殊巡视、站长（技术员）巡视四类。

第三条 机组运行时必须每 1 小时巡回检查一次；机组停运时每班至少巡回检查一次；对于特殊巡视，则要求每半小时巡回检查一次。

第四条 交接班巡视：是在交接班时，对上一班变动、操作、工作过的一次、二次设备，自动化设备，水力机械及辅助设备等、新发现的设备缺陷及带严重缺陷运行的设备，由交班人员陪同接班人员到现场进行核对性巡视检查。

第五条 正常巡视：正常巡视检查应按电站现场运行规程中制定的检查项目进行。设备巡视后，应将巡视检查情况记入值班运行日记。

第六条 特殊巡视：遇有下列情况，应进行特殊巡视。

（一）有重大缺陷的设备。

（二）新安装投运和 A 级、B 级检修后投运的设备。

（三）恶劣气候情况时，如大风、大雾、雷雨、冰雪、高温等。

（四）事故跳闸后。

第七条 站长（技术员）巡视：主要是对运行设备状态进行全面巡视和对现存缺陷进行监视性巡视检查。

第八条 巡回检查工作必须遵守《电业安全工作规程》中的有关规定。

第九条 受水机转动部分限制的项目，可在开机前或停机后检查。

第十条 巡视中发现设备缺陷或异常情况，将情况记入运行值班记录，并及时报告值班负责人。

第十一条 巡视检查时，应按照"巡视路线图"进行。

第二章　水轮发电机组巡查要求

第十二条　交接班巡视：

（一）集中听取交班介绍。

（二）由交班人员陪同到现场，对上一班变功、操作、工作过的设备和新发现的缺陷及带严重缺陷运行的设备作核对性检查。

（三）核对性检查情况汇报，发现异常进行处理或汇报。

（四）接班签字，将有关检查、巡视情况记入值班日志和有关记录。

第十三条　正常巡视：

（一）机组运行时每1小时一次，机组停运时每班至少一次。

（二）根据电站现场运行规程确定的巡视检查项目、内容和要求进行。

1）发电机：发电机机罩温度正常，定子温度正常，励磁碳刷无异常火花，无异常噪声和振动。

2）水轮机：水轮机导叶剪断销位置正常、信号良好，水导无异常甩水现象，水流声音正常，无异常噪声和振动。

3）各处轴承：轴承油色、油位、油温正常，无异常渗油；轴承冷却水管无异常渗水，水压正常，阀门位置正常，示流器指示正常；轴承无异常振动。

4）调速器柜：调速器运行稳定，液压阀无异常跳动和抽动，动作时声音正常、无卡阻异音；压油罐油压正常，油标位置正常，各管路接头无漏油；油泵运行声音、振动正常，起泵、停泵压力正确；调速器屏柜显示面板开度、状态等显示正确，指示表计、信号灯正确。

5）低压配电屏：低压配电屏各保护信号位置正常，测温巡检显示正常；控制开关、电源闸刀分合位置正确，无异常发热现象。

6）励磁装置：励磁装置各电气元件无异常发热，机组无功调节正常。

7）主阀：主阀阀轴盘根压紧度适宜，无异常漏水；主阀位置指示正确、到位。

（三）值班员应将巡视检查情况汇报当班负责人，并记入值班日志。发现缺陷进入缺陷管理流程。

第十四条　特殊巡视：

（一）当机组有重大缺陷需带病运行时，需针对缺陷的变化、发展情况以及对系统、设备的威胁程度，着重巡视，有变化或发展时，应即向调度和上级部门汇报，并采取相应的措施。

（二）新安装投运或大修后的设备，在投运72小时内增加巡视频次。

（三）机组事故跳闸甩负荷后，应检查相应的油位、油色、油压、放电、发热以及外观情况。

第十五条 站长（技术员）巡视：

站长（技术员）应每月至少巡查一次，对设备的状态进行全面检查，对现存缺陷、异常运行情况进行监视性核查，并将巡查情况特别是发现的缺陷或异常记入运行值班记录。

第三章 变压器巡查要求

第十六条 变压器巡查每个运行班次1次，高温季节每个运行班次增加1~2次。

第十七条 变压器现场巡查内容：

（一）检查设备名称、标识齐全，完好。

（二）检查本体温度计值与遥测值相符，油温不超过85℃。

（三）本体内部声响无异常。

（四）本体各部件无渗漏。

（五）压力释放阀无渗漏。

（六）本体接地体完好、无锈蚀。

（七）瓦斯继电器防雨罩完好，瓦斯继电器窥视窗应打开，瓦斯继电器内无气体。

（八）油枕：

1）油位、油色正常；

2）油枕及与本体相连的油路无渗漏；

3）呼吸器硅胶颜色符合相关规定，变色未超过2/3。

（九）各侧套管：

1）瓷瓶无裂纹，无放电痕迹；

2）无渗漏现象。

（十）有载调压机构：

1）现场挡位与主控室挡位一致；

2）密封完好，机构内部无受潮锈蚀现象且无异味；

3）调压机构工作电源正常，机构外观正常。

（十一）分接开关位置符合运行要求，盖罩严密。

（十二）冷却装置：

1）风机正确投入且运转正常；

2）冷却器及管道阀门开闭正确，冷却装置油流指示正常；

3）控制箱密封完好，内部无受潮现象、无焦味；

4）各组冷却器无渗漏。

（十三）母线构架正常。

（十四）避雷器：

1）计数器密封良好，指示正确；

2）接地引线接头无锈蚀、焊接良好；

3）避雷器内部无异常声音。

第十八条 在变压器巡查的同时，需检查：

（一）各控制箱和二次端子箱应关严，无受潮。

（二）变压器室的门、窗、照明应完好，房屋不漏水，温度正常。

（三）消防设施应齐全完好。

（四）室内变压器通风设备应完好。

附录 N 水电站安全教育培训管理办法

水电站安全教育培训管理办法

第一条 为加强和规范本电站安全教育培训工作，提高从业人员素质，根据国家有关法律法规，特制定本办法。

第二条 安全教育培训人员包括各单位主要负责人、安全生产管理人员、特种作业人员和其他人员。

第三条 从业人员应当接受安全教育培训，熟悉有关安全生产规章制度和安全操作规程，具备必要的安全生产知识，掌握本岗位的安全操作技能，增强预防事故、控制职业危害和应急处理的能力，未经安全教育培训合格的从业人员，不得上岗作业。

第四条 ×××（部门）负责制定和完善安全教育培训管理办法，对电站安全教育培训进行需求识别、制订计划、组织实施和考核评估，并建立健全安全培训档案。

第五条 电站安全生产主要责任人、安全管理人员应接受上级或安全生产监管部门认定的具备相应资质的培训机构组织的安全教育培训。

第六条 岗位从业人员的安全培训内容包括厂部相关制度、职责、运行规程、操作规程、电业安全工作规程、职业道德等。电气岗位的员工还需培训电工基础知识、电气一次设备、继电保护二次回路、电网调度规程等。在岗生产人员应定期进行"电气应知、应会"学习、考核，并针对性的现场考问、反事故演习、技术问答、事故预想等现场培训活动。

第七条 电站新增员工在上岗前必须经过电站、科室、班组三级安全培训教育，确保其具备本岗位安全操作、自救互救以及应急处置所需的知识和技能。培训考核未合格的，严禁上岗作业。

第八条 电站级岗前安全培训内容应当包括：电站安全管理有关制度、规定，电站安全生产情况及安全生产基本知识，电站安全生产规章制度和劳动纪律，从业人员安全生产权利和义务，有关事故案例等。

第九条 科室级岗前安全培训内容应当包括：工作环境及危险因素，所从事工种可能遭受的职业伤害和伤亡事故，所从事工种的安全职责、操作技能，自救互救、急救方法、疏散和现场紧急情况的处理，安全设备设施、个人防护用品的使用和维护，本科室安全生产状况及规章制度，预防事故和职业危害的措施及应注意的安全事项，有关事故案例，其他需要培训的内容。

第十条　班组级岗前安全培训内容应当包括：岗位安全操作规程，岗位之间工作衔接配合的安全与职业卫生事项，有关事故案例，其他需要培训的内容。

第十一条　新上岗从业人员的岗前培训时间不得少于24学时。

第十二条　从业人员在本单位内调整工作岗位或离岗半年以上重新上岗时，应当重新接受科室级和班组级的安全培训。

第十三条　电站使用新设备、新工艺、新技术等时，应当对有关从业人员重新进行有针对性的安全培训。

第十四条　特种作业人员应符合以下条件：年满18周岁，且不超过国家法定退休年龄，经社区或者县级以上医疗机构体检健康合格，并无妨碍从事相应特种作业的器质性疾病和生理缺陷，具有初中及以上文化程度，具备必要的安全技术知识与技能，相应特种作业规定的其他条件。

第十五条　特种作业人员必须经专门的安全技术培训并考核合格，取得《中华人民共和国特种作业操作证》（以下简称：特种作业操作证）后，方可上岗作业；未取得特种作业操作证或证书过期未及时审核的，严禁上岗作业。

第十六条　电站与相关方签订合同的同时，应签订安全生产协议，在协议中须专门对有关安全教育事项做出约定，确保相关方及外用工与本单位职工接受同等安全培训。

第十七条　电站将相关方及外用工的安全教育培训纳入相关方及外用工管理制度之中，加强对相关方及外用工的安全教育与培训管理：

（一）督促相关方切实落实自身的安全教育与培训，定期对相关方的安全教育培训工作进行监督、检查。

（二）相关方进行现场作业前，作业现场安全主管部门要对其进行现场有关安全交底、安全告知、安全注意事项等内容的教育与培训，并加强对相关方临时更换人员的补充教育与培训，严禁相关方作业人员未经安全教育进入作业现场。

（三）切实履行对参观、学习及其他外来人员的安全教育和危害告知义务。外来人员进入电站库区须有专人带领。

第十八条　培训学习情况记入个人教育培训档案。

第十九条　本办法由×××（部门）负责解释。

第二十条　其他未尽事宜，按照国家有关法律法规执行。

第二十一条　本办法自颁发之日起施行。

附录O 重大危险源安全管理制度

重大危险源安全管理制度

第一章 总 则

第一条 为贯彻"安全第一、预防为主、综合治理"的方针，加强重大危险源的管理，杜绝重大事故发生，确保安全生产局面的稳定，制定本规定。

第二条 本规定所指重大危险源分为国家规定的重大危险源、本厂自行规定的重大危险源。

国家规定的重大危险源指：长期或者临时生产、搬运、使用储存危险品，且危险品的数量等于或超过临界量的场所和设施，以及其他存在危险能量等于或超过临界量的场所和设施。按照《重大危险源辨识》(GB182 以及国家安全生产监督管理局安监管协调字〔2004〕56 号）文件规定，属于申报登记范围内的设备、设施、场所、危险品等。

本厂规定的重大危险源指：除国家规定的危险源以外，可能造成人身伤亡、火灾、设备损坏以及对安全产生影响的设备、设施等。

第三条 关于危险源安全管理的职责。

（一）认真贯彻落实国家标准制定有关重大危险源管理的法律、法规。

（二）认真落实关于重大危险源的预测、预警、预案工作，做好本单位重大危险源的建档登记、检测评估、监控管理，对存在的问题限期整改，并要求相关数据的及时、准确、完整性。

（三）完善本单位重大事故应急预案，定期开展演练，落实重大事故应急救援工作。

（四）及时如实汇报重大危险源造成的安全生产事故。

（五）完善重大危险源规章制度，规范日常管理，对本单位的重大危险源做到可控、在控。

第四条 本规定适用于_____水力发电厂。

第二章 登记、评估和备案

第五条 本厂应根据厂区、生活区、库区等不同重大危险源设施、地点综合建立重大危险源动态管理台账。

第六条 严格按照国家、地方政府的相关要求，认真完成国家规定的重大危险源普查登记工作，组织严格按照国家相关规定至少每两年进行一次重大危险源的评估工作，并提出《安全评估报告》上报主管部门。

《安全评估报告》应包括以下内容：

（一）安全评估的主要依据；

（二）重大危险源基本情况；

（三）可能发生的事故类型、严重程度；

（四）重大危险源等级；

（五）安全对策措施；

（六）应急救援措施；

（七）评估结论与建议。

安全评估工作应由有资质的机构或有专业技术员进行，《安全评估报告》要做到数据准确、内容完整，对策措施具体可行，结论客观公正。

第七条 在生产过程、材料、设备、防护和环境等因素发生重大变化，或者国家有关法律、法规、标准发生变化时，本厂应对重大危险源重新进行安全评估。

第八条 对新设立或者新构成的重大危险源，本厂应按照相关规定及时进行备案登记。对已不构成重大危险源的，应及时报告注销。

第三章 人员培训与应急救援

第九条 本厂要对涉及重大危险源运行、检修、维护及其他监督管理人员，每年至少进行一次国家相关法律、法规、国家标准以及《运行技术标准》《检修技术标准》、防火防爆、紧急救援等知识的培训和考试。

第十条 根据本厂重大突发事件应急预案，健全和完善现场应急救援预案。

现场应急救援预案应主要包括以下内容：

（一）应急救援机构及其职责；

（二）危险辨识与评价；

（三）报警系统；

（四）应急设备与设施；

（五）应急能力评价与资源；

（六）事故应急程序与行动方案；

（七）保护措施程序；

（八）事故后的恢复程序；

（九）培训与演练。

第十一条　本厂要经常开展关于现场应急救援预案的演练。

第四章　监　督　管　理

第十二条　本厂对重大危险源实行逐级管理。构成国家规定的重大危险源，直接进行监督与管理；本厂规定的重大危险源，由本厂各部门进行监督与管理；各部门要认真做好重大危险源的管理，对每一个重大危险源都要采取专业管理与重点监督相结合的方法，落实措施，做到科学化、制度化和规范化。

第十三条　对构成国家、本厂规定重大危险源的设备、设施等都要列入本企业重点保卫部位，并落实保卫责任，严防外力破坏。

第十四条　构成国家、本厂规定重大危险源的设备、设施、场所等，除水电厂大坝外，其余都要列入本企业重点防火部位。要按照《中华人民共和国消防法》《电力典型消防规程》等规定，落实消防安全管理责任，做到消防设施、器材齐全有效，消防通道畅通，安全警示标识齐全，与其他建筑物的防火距离符合规程规定。做到防雷、防静电设施齐全有效。

第十五条　本厂电力生产设备构成国家、本厂规定的重大危险源的，都要严格执行国务院《特种设备监察条例》《防止电力生产重大事故的二十五项重点要求》等国家行业标准。

水电厂大坝的管理要按照水利部的《水电站大坝运行安全管理规定》，做好坝体监测、水文观测和定期检测工作。结合机组检修，认真检查和维护，做到机构灵活、安全装置齐全有效。

（一）发电厂升压站是电网的重要组成部分。要按照国家电网的相关要求，认真开展《并网安全性评价》，服从电网调度命令，做好继电保护装置的检定工作，落实防止污闪的技术措施，落实防止电气误操作措施，加强对隔离开关的检修和维护，防止支持瓷瓶的折断。

（二）严格执行《压力容器安全监督管理办法》，加强对压力管道的监督管理，做到安全保护装置齐全有效，认真开展定期检验，及时消除影响设备、系统存在的缺陷。

（三）生产工作中用到检修设备桥式起重机械，必须按照国务院《特种设备监察条例》的规定，取得安全合格证后方可使用，要做好定期检验工作。操作、检修和维护人员必须取得"特种作业操作证"。

检修设备在使用前，必须经过验收，安全工器具和防护装置齐全有效方可使用。在检修平台上的作业应使用安全带或安全绳。

第十六条　除发电生产和施工现场的重大危险源外，厂所属的生活区、办公区等如存在以下重大危险源，也必须进行统一的监督管理，确保安全。

（一）接送职工上下班车驾驶员，必须经公安交通管理部门培训，取得合格证的，有一定驾驶经验的人员担任。

车辆必须定期检验，确保状况良好。灭火、救生器材齐全有效。不得超员，严格遵守道路安全的有关规定。

（二）食堂、办公楼、厂外仓库等场所的防火要求，要严格按照本章第十八条的规定。有关从业人员必须经过消防安全知识、技能及应急预案的培训。

（三）对本厂生活水系统要重点做好保卫工作，定期监测生活用水卫生情况，确保水质。

第十七条 其他有可能产生人身伤亡、火灾及影响安全生产的设备，应根据实际情况补充完善，并落实监督管理责任，确保安全。

附录 P 事故隐患排查治理制度

事故隐患排查治理制度

1. 范围

本制度规定了电厂隐患排查治理制度内容和要求。

本制度适用于本厂隐患排查治理的管理。

2. 规范性引用文件

下列文件中的条款通过本标准的引用而成为本标准的条款。凡是注日期的引用文件,其随后所有的修改单(不包括勘误的内容)或修订版均不适用于本标准,然而,鼓励根据本标准达成协议的各方研究是否可使用这些文件的最新版本。凡是不注日期的引用文件,其最新版本适用于本标准。

GB 26860—2011《电业安全工作规程》(发电厂和变电所电气部分)

DL 5009.1—2002《电力建设安全工作规程》(水力发电厂部分)

DL 5009.3—2013《电力建设安全工作规程》(变电所部分)

3. 管理职责

3.1 生产管理部对隐患排查治理制度负责。

3.2 各值值长对隐患排查治理制度的执行负责。

3.3 各值人员对事故隐患的及时发现负责。

3.4 生产管理部每月不定期地到现场或班组对隐患排查治理制度的执行情况进行抽查。

4. 管理内容和要求

4.1 为了建立安全生产事故隐患排查治理长效机制,加强事故隐患监督管理,阻止和减少事故发生,保障电厂员工生命和设备安全,根据安全生产法律法规制定本制度。

4.2 事故隐患排查

4.2.1 事故隐患定义:制度所称安全事故隐患是指违反安全生产法律、法规、规章、标准、规程和安全生产管理制度的规定,或则因其他引述在生产经营活动中存在可能导致事故发生危险状态,人的不安全行为和管理上的缺陷。

4.2.2 事故隐患分类:根据危害及整改难度把事故隐患分为一般事故隐患

和重大事故隐患。一般事故隐患是指发现后能够立即整改排除的隐患。重大事故隐患是指危害和整改难度大，需全部或者局部停电，并经过一定时间整改治理方面排除的隐患，或者因外部因素影响致使自身难以排除的隐患。

4.3 隐患排查职责

4.3.1 各专业在各职责范围内对排查治理事故隐患工作实施监督管理，各技术专工对专业事故隐患排查治理工作负责。

4.3.2 全体员工有发现事故隐患者均有权向值长、技术专工及以上管理人员报告，接到事故隐患报告后，应当按照隐患情况立即组织核查并予以协调处理。

4.3.3 生产管理部每月结合事故隐患检查，组织相关专业人员排查事故隐患，对查出的事故隐患，按照事故隐患分类进行登记，统一上报，协调处理。

4.3.4 隐患处理：一般事故隐患，由隐患发现班组登记缺陷联系处理整改，对于重大事故隐患无法处理时，应立即汇总报告生产管理部，由生产管理部报送有关部门协调处理。

4.4 报送内容

4.4.1 隐患的现状及其产生的原因。

4.4.2 隐患的危害程度和整改难易程度分析。

4.4.3 隐患的治理方案。

4.4.4 隐患的治理所采取的方法。

4.4.5 隐患治理过程中所采取的防护措施。

4.4.6 针对需治理的事故隐患情况，确定相应人员的落实需要。

4.4.7 根据事故隐患治理的难易程度及其他条件满足的情况下，确定隐患治理的时限。

4.4.8 在隐患未得到治理前及在治理过程中所采取的安全防范措施及相应的应急预案保障安全措施。

4.5 具体要求

4.5.1 各分场按规定隐患治理期限，对事故隐患排查工作完成情况患整改情况进行验收，对未治理隐患或治理未彻底隐患进行汇总上报，协调处理并对未治理隐患进行必要的安全措施，防止隐患扩大。

4.5.2 各分场、各专业应当组织相关人员进行经常性的事故隐患排查，各当班人员作为执行隐患排查最基础的环节，要求当班人员加强隐患排查巡检力度，对于一般事故隐患应立即组织人员整改，对于重大事故隐患应统计上报厂，由有关部门协调处理。

4.5.3 在事故治理过程中，应当采取相应的安全防范措施，防止次生事故发生。事故隐患排除前或者排除过程中无法保证安全的，应当从危险区域内撤离作业人员，并疏散可能危及的其他人员设置警戒标识，暂时停止使用。对难以停止使用的相关生产储存装置、设施、设备，应当加强巡检力度，防止事故发生。

4.5.4　各专业相关人员组织开展季节性事故隐患排查，专项事故隐患排查及法定长假期间前事故隐患排查治理工作。

4.6　奖励考核

4.6.1　对于发现排除和报告事故隐患有功人员或隐患排查治理工作开展的积极、表现突出的班组，将给予奖励和表彰。

4.6.2　对于事故隐患不按期排查或排查不彻底、监督不到位，或流于形式走过场的班组将按照管理制度给予处罚。

附录 Q 应急设备管理制度

应急设备管理制度

一、应急设备组成

应急设备包括救援器材和固定设备。

1. 救援器材

1）医疗器材：担架、氧气袋、塑料袋、小药箱（由就近卫生所负责提供）；

2）抢救工具：电站常备工具即基本满足使用；

3）照明器材：手电筒、应急灯 36V 以下安全灯具；

4）通信器材：电话、手机、对讲机；

5）交通工具：处机关常备一辆值班车；

6）灭火器材：灭火器日常按要求就位，紧急情况下集中使用。

2. 固定设备

固定设备包括各排水泵、沟等。

二、救援器材的保管

1. 根据作业场所、储存、运输物品的数量、品种的不同，配备足够数量、种类的应急器材，并专人保管。应急器材要定时检查，做好标识，防止失效，检查要有检查记录。

2. 防御水淹厂房是电站防洪度汛工作的重点项目，在防洪期间要注意：上游渠道及压力前池、压力管道、厂房集水井、厂房门口各排水沟、厂房后门排水沟等关键部位，做好漏水、积水的排、疏、堵工作，具体的要求如下：

1）集水井（发电机坑、蝶阀坑）抽水泵必须保持健康状态。

2）排水泵必须保持健康状态，水电站在汛期每星期检查一次。

3）厂房集水井在汛期每星期进行一次检查，发现问题及时处理。

4）每星期检查一次各抽水泵、潜水泵是否良好，发现问题及时处理。

5）汛前对压力前池、压力管道进行一次检查，汛中加强巡视检查，确保水工程良好。

6）厂房门口、变压器边的排水沟、要定期检查，暴雨期间要加强巡视。

7）汛前对厂房集水井、厂房门口、后门、周边等排水沟进行检查清淤。

8）连续暴雨时，加强通向厂房水沟的巡回检查，并检查厂房漏水情况，做好疏、排、堵工作，防止造成水淹厂房，当发现可能造成水淹厂房事故时，应紧急停机，撤离人员至安全区域。

三、日常管理

1. 结合本站电力生产运行管理情况，实行设备台账管理，做到账物相符。

2. 实行定期和不定期相结合的巡视检测，掌握有关技术数据，实施有效控制。

四、资金和物资保障

1. 投入必要的资金配备电力抢修所需的各类设备和抢修所需的物资，及时配备先进的抢修器材。

2. 做好应急设备储备和实行科学的管理，按时进行必要的调整和补充，确保抢修物资及时到位。

3. 经常对应急设备进行日常维护保养，检查工器具、物资的质量，及时进行补充、调整，满足抢修需要。